高等职业教育课程改革系列教材

电机试验技术

主　编　刘万太
副主编　宋运雄　罗小丽　吕雨农
参　编　罗胜华　李谟发　王　芳　周惠芳
主　审　陈意军

机械工业出版社

本书较全面地介绍了驱动用电机（包括异步电机、变频电机和直流电机）和控制用电机（包括伺服电动机、自整角机和步进电动机）的试验检测方法、试验数据计算、试验数据分析、试验报告编制、性能数据分析判定，以及电机试验基础、仪器仪表的使用等一系列内容。

本书体例新颖，图文并茂，步骤详细清楚，语句通顺流畅，可读性强。本书注重理论联系实际，内容均来自生产和生活实践，具有很强的实用性和可操作性。

本书可作为高职高专院校电机与电气及其控制专业的教材或教学参考书，也可作为从事电机修理和检测的工人及工程技术人员的自学教材和培训教材。

为方便教学，本书配有电子课件等，凡选用本书作为教材的学校，均可来电索取。电话：010-88379375；电子邮箱：cmpgaozhi@sina.com。

图书在版编目（CIP）数据

电机试验技术/刘万太主编 .—北京：机械工业出版社，2019.7
（2023.1）

高等职业教育课程改革系列教材

ISBN 978-7-111-63354-9

Ⅰ．①电… Ⅱ．①刘… Ⅲ．①电机-试验-高等职业教育-教材
Ⅳ．①TM306

中国版本图书馆 CIP 数据核字（2019）第 165789 号

机械工业出版社（北京市百万庄大街22号　邮政编码100037）
策划编辑：王宗锋　责任编辑：王宗锋　王海霞
责任校对：佟瑞鑫　封面设计：陈　沛
责任印制：郜　敏
北京盛通商印快线网络科技有限公司印刷
2023 年 1 月第 1 版第 2 次印刷
184mm×260mm · 10.5 印张 · 259 千字
标准书号：ISBN 978-7-111-63354-9
定价：39.90 元

电话服务　　　　　　　　网络服务
客服电话：010-88361066　机 工 官 网：www.cmpbook.com
　　　　　010-88379833　机 工 官 博：weibo.com/cmp1952
　　　　　010-68326294　金 书 网：www.golden-book.com
封底无防伪标均为盗版　机工教育服务网：www.cmpedu.com

前　言

电机试验是指利用仪器、仪表及有关设备，按照相关标准的规定，对电机制造过程中形成的半成品和成品（或以电机为主体的配套产品）的电气性能、力学性能、安全性能及可靠性等技术指标进行检验。

本书是根据高职高专教育教学内容和课程体系改革的要求，结合电机类课程项目化教学改革的需要，选用杭州威格教仪公司和浙江天煌教仪公司生产的电机试验设备作为平台，依据电力行业发电、供用电企业所需的电机试验知识编写而成。

本书内容包括绪论和六个项目，以交、直流电机和控制电机的试验作为教学项目，在电机试验中学习电机技术，在项目实施中强化对学生实践能力、操作技能、创新精神和职业素质的培养。

本书每一个项目均包含"任务描述""任务资讯""任务实施""任务拓展""任务思考"和"任务反馈"等模块。首先以"任务描述"引入，对任务进行描述和分解，以完成一个实际工作任务为驱动；为了顺利地完成任务，引入"任务资讯"，介绍该任务涉及的主要理论知识；"任务实施"模块对任务实施过程进行阐述；"任务拓展"模块是对本任务或类似任务的拓展和加深；"任务思考"模块是对本任务的主要内容进行的归纳总结和反思；最后，"任务反馈"模块主要考查学生对本任务所涉及主要知识的理解和掌握情况，同时也通过试验报告的编写情况来了解学生对本项目的掌握程度。在每个项目的学习过程中，学生不但学习了知识，而且掌握了技能，满足了"做中学，学中做"的要求，实现了"教、学、做"的一体化教学目标，达到了强化学生实践能力和操作技能的目的。

本书由湖南电气职业技术学院刘万太任主编。具体编写分工为：绪论部分由罗小丽编写，项目一由刘万太编写，项目二由宋运雄编写，项目三由吕雨农编写，项目四由周惠芳编写，项目五由李谟发编写，项目六由王芳编写。附录部分由罗胜华编写。全书由刘万太统稿。

本书在编写过程中引用了才家刚教授的《电机试验技术及设备手册》的部分内容，并得到了才家刚教授的悉心指导。本书由湖南工程学院陈意军教授任主审，同时还得到了湘电集团电机事业部、湖南电气职业技术学院相关教研室等的工作人员的大力支持，他们提出了很多宝贵的修改意见和建议，在此对以上人员及参考文献的作者一并表示衷心感谢。

由于时间仓促，加上经验和技术水平有限，书中不足之处在所难免，恳请使用本书的读者向编者（842067871@qq.com）提出宝贵的意见和建议，以便今后不断改进。

编　者

目　录

绪　　论

一、电机试验地位

电机是一种进行机电能量转换或信号转换的电磁装置。随着工业生产的迅速发展，为了满足自动化程度日益提高、家用电器日趋普及，以及军事、航空航天等特殊领域现代化的要求，电机的产量和品种日益增加，对电机性能和质量等指标也提出了不同的要求。

在电机的科学研究和新产品研制过程中，必须对模型和样机进行大量的试验验证，以探索改进的途径；在电机的生产过程中，必须对产品进行大量的检验，以确定其是否符合国家标准和产品技术条件的要求；在大型电机的运行过程中，还必须对其运行状况进行现场监测。而这些都离不开电机试验。通过电机试验，可以反映被检电机的相关性能数据，验证被检电机的质量是否符合国家标准，判断被检电机在生产过程中的工艺误差，有的试验甚至还可以指明电机优化的目标和方向。由此可见，无论是对新产品的研制，还是对电机的批量生产及修理，电机试验都是考核其质量是否合格的一个重要环节和手段。

在电机试验过程中，除了要确定合理的试验方法外，测量仪器、仪表和设备还必须满足测量准确度和速度的要求。在科研试验中，应根据所制定的特殊试验项目选择仪器、仪表的准确度。在工业试验中，应根据国家有关标准的规定，确定所采用仪器、仪表的准确度和量程。

二、电机试验分类

电机试验是利用仪器、仪表及有关设备，按照相关标准的规定，对电机制造过程中形成的半成品和成品（或以电机为主体的配套产品）的电气性能、力学性能、安全性能及可靠性等技术指标进行检验。

在电机制造过程中，电机试验主要包括半成品试验和成品试验两个阶段。

（一）半成品试验

半成品试验主要是针对电机元件或组件的试验。如绕组的匝间耐电压试验、定子三相绕组的三相电流平衡试验、绕组对机壳和绕组相互间绝缘电阻的测定和介电强度试验（俗称耐电压试验）以及对转子的检查试验等。

（二）成品试验

成品试验则是对组装成整机后的电机进行的部分或全部性能试验。根据国家标准 GB/T 755—2008《旋转电机　定额和性能》规定，成品试验又分为型式试验和出厂试验两大类。

1. 型式试验

在 GB/T 755—2008 中，对型式试验的定义是：对按照某一设计而制造的一台或几台电机所进行的试验，以表明这一设计符合一定的标准。

实际上，型式试验的目的是求取电机全部的工作特性和参数，以全面考察电机的电气性能和质量，从而判断该电机是否符合国家标准（或用户订货时所签订的技术要求）。此外，通过对型式试验结果的分析还可以制定该电机的出厂标准。根据需要，型式试验可以包括标准或有关技术要求中所规定的全部项目，也可以包括其中的部分项目。

按国家标准规定，电机制造厂在下列情况下需进行电机的型式试验：

1）新产品试制完成时。这类试验又称为"鉴定试验"。

2）电机产品经鉴定成型后，小批量生产时。

3）电机设计或工艺上的更改足以引起某些性能发生变化时，应进行有关的型式试验项目。

4）当检查试验结果与以前的型式试验结果相比存在不可容许的偏差时。

5）各类型电机标准所规定的定期抽试。这类试验又称为"周期抽检试验"，简称"周检"，周期一般为 1~2 年。

2. 出厂试验

出厂试验习惯上也称为"检查试验"，在 GB/T 755—2008 中，对出厂试验的定义是：对每台电机在制造期间或完工后所进行的试验，以判明其是否符合标准。它是在电机定型后批量生产时，对成品电机进行部分性能的简单试验，也就是说，它是按照简化项目对电机成品所进行的试验，以确定该电机的主要指标符合标准，保证出厂电机的质量。

检查项目中，有的能直接反映出被试电机的性能，如耐电压水平、绝缘电阻、噪声、振动等；有的则不能直接反映出被试电机的性能，只有在与合格样机的相应试验参数进行比较后，才能粗略地判断该项性能参数是否符合要求，如用空载电流、堵转电流、空载损耗和堵转损耗来判定异步电动机的功率因数、堵转电流、堵转转矩、最大转矩及效率等性能指标水平。

制造厂的每一台电机成品都必须进行出厂试验，检验合格者才允许出厂。从内容上看，出厂试验只是型式试验的一部分。

对于修理后的电机试验，其试验项目和考核方法一般和电机生产时的出厂试验基本相同。参考的标准有原电机附带的出厂试验数据或同规格电机的试验数据等。

三、电机试验误差

被测量的真实值称为真值。但是在测量过程中，由于选用准确度不同的仪器和仪表，以及人为失误，测量结果与被测量的真值之间必然存在差别，这种差别称为测量误差。

（一）误差的分类

根据误差的特点和性质，可分为系统误差、随机误差和疏失误差。

1. 系统误差

在相同条件下多次测量同一量时，误差的绝对值和符号保持不变，或者条件改变时按某一确定规律变化，这种误差称为系统误差。例如，温度计、长度测量用尺等的误差属于系统误差。系统误差的大小可以衡量测量数据与真值的偏离程度，即测量的准确度。系统误差越小，测量的结果越准确。另外，系统误差往往具有一定的规律性，因此可以根据误差产生的原因采取一定的措施，设法消除或加以修正。

2. 随机误差

在相同条件下多次测量同一量时，误差的绝对值和符号均发生变化，其值时大时小，符号时正时负，并且没有确定的变化规律，也不能事先预定，这种误差称为随机误差。例如，由电源电压的波动、环境条件的变化造成的测量误差等属于随机误差。随机误差说明了测量数据本身的离散程度，它反映了测量的精密度。随机误差越小，测量的精密度就越高。在具体测量时，应把同一种测量结果重复做多次，取多次测量的平均值作为测量结果。

3. 疏失误差

由于人为因素，如看错、读错或记错数据，或接错仪表线造成示值错误等所造成的误差，称为疏失误差。存在这种误差的测量结果一般不能作为最终的结果或参与计算，常被作为"坏值"而剔除。

为了对这三种误差有一个更形象的认识，下面以打靶为例，将这三种误差对射击结果的影响画在图 0-1 中，其中图 0-1a 的弹着点都密集于靶心，说明只有随机误差而不存在系统误差；图 0-1b 的弹着点偏离于靶心的一边，这是由于存在

a) 密集于靶心　　　b) 偏离于靶心　　　c) 分散于靶心

图 0-1　以打靶为例说明三种误差

系统误差的缘故；图 0-1c 的弹着点的平均值也在靶心，这说明没有系统误差，但是分布较分散，即其随机误差比图 0-1a 的要大。

应当指出，在实际测量过程中，系统误差、随机误差和疏失误差的划分并不是绝对的。一定条件下的系统误差，在另外的条件下可能以随机误差的形式出现，反之亦然。例如，同是电源电压引起的误差，如果在测量过程中基本都偏高，则可视为系统误差；但如果在测量过程中有时高有时低，则应视为随机误差。又如，对于特别大的系统误差，有时也因为它难以修正，或严重地改变了被测对象的工作状态，而将其相应的测量数据作为"坏值"舍去。同样，对于离散性特别大、出现的次数又非常少的随机误差，其相应的测量数据也可舍去。

虽然误差随时存在，但测量值要满足一定的精度才符合要求。这里的精度包含三层比较具体的含义：

1）准确度：反映系统误差大小的程度，可比喻为打靶时命中靶心的程度。

2）精密度：反映随机误差大小的程度，可比喻为打靶时子弹的离散程度。

3）精确度：反映系统误差和随机误差合成大小的程度，可比喻为打靶时打靶成绩的好坏。

精密度高的测量结果，其准确度不一定高；反之，准确度高的测量结果，其精密度不一定高。只有系统误差小而测量数据分布又集中的测量结果才是精密测量所追求的结果。作为衡量测量质量综合指标的所谓"测量精度"，则是系统误差和随机误差的结合。

（二）误差的表示

1. 绝对误差

某量的给定值与它的真值之差称为绝对误差，用 Δx、x 和 x_0 分别代表绝对误差、给定值和真值，三者的关系为

$$\Delta x = x - x_0 \tag{0-1}$$

给定值 x 包括测量值、标称值、近似值等。

真值 x_0 是指在规定时间和空间内被测定值的真实大小。它的值包括如下几个方面：

1）理论真值。例如，平面三角形的 3 个内角度数之和为 180°，平行四边形的 4 个内角度数之和为 360°等。

2）计算学约定真值。如国际计量单位中规定的长度单位为 m、质量单位为 kg。

3）标准器相对真值。高一级标准器与低一级标准器（或者普通仪器）的误差相比，比值为 1/5（或 1/20～1/3）时，前者可以作为后者的相对真值。例如，0.1 级表可作为 0.5 级表的相对真值，作为校验表用。

对于真值可知的测量值，可以对其进行修正，简称为修正值，它被定义为与绝对误差等值但符号相反，即

$$\varepsilon = -\Delta x = x_0 - x \tag{0-2}$$

因此，只要知道测量值 x 和修正值 ε，就可以求出被测量的真值 x_0。

例如，用某电流表测量电流时，其读数为 10mA，该表在检定时给出 10mA 刻线处的修正值为 0.03mA，则被测电流的真值应为

$$i_0 = i + \varepsilon = 10\text{mA} + 0.03\text{mA} = 10.03\text{mA}$$

2. 相对误差

绝对误差只能用来表示某个测量值的近似程度，为了更加准确地衡量测量值的准确程度，引入了相对误差的概念。所谓相对误差，是指绝对误差与被测量的真值之比，常用百分数表示。用公式表示为

$$\gamma = \frac{\Delta x}{x_0} \times 100\% = \frac{x - x_0}{x_0} \times 100\% \tag{0-3}$$

在衡量测量结果的误差程度或评价测量结果时，一般都使用相对误差。相对误差越小，准确度越高。

3. 引用误差

绝对误差和相对误差是从误差的表示和测量结果的角度反映某一测量值的误差情况，但并不能用来评价测量仪表和仪器的准确度。为了方便计算和划分准确度等级，通常取测量仪器、仪表量程中的测量上限（即满刻线）作为固定的真值。由此得出引用误差的定义：当仪器、仪表在规定的正常条件下工作时，其绝对误差 Δx 与量程 x_m 之比的百分数称为引用误差，用 γ_n 表示，即

$$\gamma_\text{n} = \frac{\Delta x}{x_\text{m}} \times 100\% = \frac{x - x_0}{x_\text{m}} \times 100\% \tag{0-4}$$

（三）误差的消除

对于系统误差，在测量过程中，不仅要消除由测量仪器、仪表引起的误差，以及由测量方法或理论分析引起的误差，还要消除由于试验人员的反应速度和固有习惯等生理特点的不同所引起的误差。

对于随机误差，最简单的处理办法是把同一种测量重复做多次，取多次测量的平均值作为测量结果。由于多次测量将服从统计规律，因此还可以通过统计学方法来估计和消除随机误差的影响，例如，可以用滤波的方法滤除原始数据中的噪声。

疏失误差的消除比较简单，因为它一般都明显地超过正常情况下的误差，所以可以作为"坏值"直接舍去。

四、电机试验基本要求

电机试验课的教学目的在于培养学生掌握基本的试验方法与操作技能，使学生能根据试验目的、试验内容及试验设备来拟定试验电路，选择所需仪表，确定试验步骤，测取所需数据，进行分析研究并得出必要结论，从而完成试验报告。学生在整个试验过程中，必须集中精力，及时、认真地做好试验。现按试验过程对学生提出下列基本要求。

（一）试验前的准备

1）试验前应复习教材相关章节，认真研读试验指导书，了解试验目的、项目、方法与步骤，明确试验过程中应注意的问题（有些内容可到试验室对照试验预习，如熟悉组件的编号、使用方法及其规定值等），并按照试验项目准备记录表等。

2）试验前应写好预习报告，经指导教师检查确认已做好试验前的准备后，方可开始做试验。

认真做好试验前的准备工作，对于培养学生独立工作的能力，提高试验质量和保护试验设备都是很重要的。

（二）试验的进行

（1）建立小组，合理分工　每次试验都以小组为单位进行，每组由2～3人组成，试验过程中的接线、调节负载、保持电压或电流、记录数据等工作应有明确的分工，以保证试验操作协调，记录数据准确可靠。

（2）选择组件和仪表　试验前先熟悉该次试验所用的组件，记录电机铭牌和选择仪表量程，然后依次排列组件和仪表以便于测取数据。

（3）按图接线　根据试验电路图及所选组件、仪表按图接线，电路力求简单明了，一般接线原则是先接串联主电路，再接并联电路。为查找电路方便，每路可用相同颜色的导线。

（4）起动电机，观察仪表　在正式试验开始之前，应先熟悉仪表刻线，并记下倍率，然后按一定规范起动电机，观察所有仪表是否正常（如指针正、反向是否超满量程等）。如果出现异常，应立即切断电源，并排除故障；如果一切正常，即可正式开始试验。

（5）测取数据　预习时应对电机的试验方法及所测数据的大小做到心中有数。正式试验时，根据试验步骤逐次测取数据。

（6）认真负责，试验有始有终　试验完毕，须将数据交指导教师审阅。经指导教师认可后，才允许拆线并把试验所用的组件、导线及仪器等物品整理好。

（三）试验报告

试验报告是根据实测数据以及在试验中观察和发现的问题，经过自己的分析研究或分析讨论后写出的心得体会。

试验报告要简明扼要、字迹清楚、图表整洁、结论明确。

试验报告包括以下内容：

1）试验名称、专业、班级、学号、姓名、试验日期、室温（℃）等。

2）列出试验中所用组件的名称、编号及电机铭牌数据等。

3）列出试验项目，绘出试验时所用的电路图，并注明仪表量程、电阻器阻值、电源端编号等。

4）数据的整理和计算。

5）按记录及计算的数据在坐标纸上画出曲线，图纸尺寸不小于 80mm×80mm，要求用曲线尺或曲线板连成光滑曲线，不在曲线上的点仍按实际数据标出。

6）根据数据和曲线进行计算和分析，说明试验结果与理论是否符合，可对某些问题提出一些自己的见解并在最后写出结论。试验报告应写在一定规格的报告纸上，保持整洁。

7）每次试验每人独立完成一份报告，按时送交指导教师批阅。

五、电机试验安全操作规程

为了按时完成电机试验，确保试验时的人身安全与设备安全，要严格遵守如下安全操作规程：

1）试验时，人体不可接触带电线路。

2）接线或拆线都必须在切断电源的情况下进行。接线或拆线前要检查装置上各开关或旋钮是否处于关断位置或初始位置，并设置合适的仪表档位。

3）学生独立完成接线或改接电路后必须经指导教师检查和允许，并告知组内其他同学后方可接通电源。试验中如发生事故，应立即切断电源，在查清问题和妥善处理故障后，才能继续进行试验。

4）电机的起动和停止要按正确的步骤进行操作。电机如直接起动，则应先检查功率表及电流表的量程是否符合要求，是否有短路回路存在，以免损坏仪表或电源。

5）直流电机不允许直接起动，不允许在励磁电流过小时起动及运行。特别是做直流他励电动机试验时，起动时应先合励磁电源，停机时先断开电枢电源。

6）总电源或试验台控制屏电源的接通应由试验指导人员来控制，其他人只有在指导人员允许后方可操作，不得自行合闸。

7）试验过程中，操作人员要注意发辫、围巾、衣服、手套以及接线用的导线和小型工具等物品不可卷入电机旋转部分。

六、电机试验任务目标

本课程是对电机性能进行分析，因此在学习中要注意理论联系实际。在学习完本课程之后，应达到如下目标。

1. 知识目标

1）了解电机试验的基本要求和安全生产规程。

2）理解电机试验标准。

3）掌握电机试验常用仪器、仪表、设备的正确使用方法。

4）掌握交流电机（包括普通异步电机和变频调速异步电机）试验（包括电阻的测定、空载、负载、温升、堵转等试验，下同）。

5）掌握直流电机试验。

6）掌握控制电机试验。

2. 能力目标

1）动手能力。

2）理论联系实际能力。

3）知识迁移能力。

4）获取、分析、归纳、交流、使用信息和新技术的能力。

5）分析问题和解决问题的能力。

6）书面表达能力。

7）口头表述和人际沟通的能力。

3. 素质目标

1）增强专业意识，培养良好的职业道德。

2）培养浓厚的职业兴趣，具有爱岗敬业精神。

3）树立团队意识，具有良好的团队协作精神。

4）形成初步的创新意识，具有随机应变、工学结合的创新精神。

5）树立工具、设备和用电方面的安全意识，保证人身安全。

6）树立"6S"意识，保持环境卫生。

7）形成良好的成本节约意识。

8）具有强烈的社会责任感。

9）具备良好的思想道德修养，形成正确的科学观和方法论。

第一篇 驱动用电机试验

在进行电能的生产、转换、传输、分配、使用与控制等过程中，都必须使用能够进行能量（或信号）传递与变换的电磁机械装置，这些电磁机械装置被称为电机。按电机是否运转，可分为静止电机和旋转电机，静止电机如变压器等，旋转电机按电流的类型及工作原理上的某些差异又可分为直流电机、交流异步电机、交流同步电机等。按功能不同，电机可分为发电机（把机械能转变成电能）、电动机（把电能转变成机械能）和控制电机（应用于各类自动控制系统中）等。

本篇所讲的驱动用电机，主要包括异步电动机、变频调速异步电动机和直流电动机，针对每种电机，又具体细分为几个任务。主要任务目标如下：

1) 了解电机试验的基本要求和安全操作规程。

2) 掌握电机试验常用仪器、仪表和设备的正确使用方法。

3) 掌握异步电机试验（包括电阻的测定、空载、负载、温升、堵转等试验，下同）。

4) 掌握变频电机试验。

5) 掌握直流电机试验。

项目一 异步电机试验

本项目所用到的部分试验标准见表1-1。

表1-1 交流电机试验标准（部分）

序号	标准编号	标准名称
1	GB/T 755—2008	旋转电机 定额和性能
2	GB/T 25442—2010	旋转电机（牵引电机除外）确定损耗和效率的试验方法
3	GB/T 1032—2012	三相异步电动机试验方法
4	GB/T 10068—2008	轴中心高为56mm及以上电机的机械振动 振动的测量、评定及限值
5	GB/T 10069.1—2006	旋转电机噪声测定方法及限值 第1部分：旋转电机噪声测定方法
6	GB/T 10069.3—2008	旋转电机噪声测定方法及限值 第3部分：噪声限值
7	GB/T 14711—2013	中小型旋转电机通用安全要求
8	GB/T 12350—2009	小功率电动机的安全要求
9	GB/T 22719.1—2008	交流低压电机散嵌绕组匝间绝缘 第1部分：试验方法
10	GB/T 22719.2—2008	交流低压电机散嵌绕组匝间绝缘 第2部分：试验限值
11	GB/T 22714—2008	交流低压电机成型绕组匝间绝缘试验规范
12	GB/T 21210—2016	单速三相笼型感应电动机起动性能

国家标准中规定的交流电机试验项目及有关说明见表1-2。

表1-2 交流电机试验项目及有关说明

序号	项目名称	有关说明
1	绕组冷态和热态绝缘电阻的测定*	含绕组、埋置在绕组中的热元件及加热带等对地（机壳）和相互之间的绝缘电阻
2	绕组及相关部件直流电阻的测定*	同时测量绕组温度或环境温度
3	绕组匝间耐冲击电压试验*	—
4	绕组对地耐冲击电压试验*	—
5	绕组对地及相间耐绝缘电压试验*	—
6	堵转特性试验*	冷态下进行，仅适用于笼型电机和交流换向器电动机
7	空载特性试验*	—
8	热试验	—
9	效率、功率因数及转差率试验	可安排在热试验时进行
10	最大转矩测定试验	测绘转矩-转速曲线，多与最小转矩测定试验同时进行
11	起动过程中最小转矩测定试验	测绘转矩-转速曲线，多与最大转矩测定试验同时进行
12	振动测定试验*	电机空载运转
13	噪声测定试验	—

（续）

序号	项目名称	有关说明
14	超速试验*	—
15	短时过转矩试验	测绘转矩-转速曲线
16	短时升高耐压试验*	—
17	转动惯性测定试验	需要时进行
18	偶然过电流试验	—
19	外壳防护试验	仅在样机定型时进行
20	轴电压测定试验	仅适用于有专门要求的电机
21	转子电压测定试验*	仅适用于绕线转子电动机和交流换向器电动机

注：1. 标有 * 的为出厂试验项目，第13项也可根据需要仅列为型式试验项目。有的试验项目是型式试验和出厂试验共有的，但是其试验方法和要求可能有所不同。另外，有些特殊用途的电机还会采用该类产品特有的技术要求，这些技术要求有些是国家或行业统一发布的，也有些是生产企业自定的。

2. 本项目只介绍交流电机几个特有的试验项目，如空载试验、堵转试验、负载试验和温升试验等

本项目以普通笼型异步电动机为研究对象进行相关试验。

任务一　电阻测定试验

一、任务描述

电机直流电阻的测定，是电机试验的重要组成部分，无论哪种电机，在制造过程中都要对其进行直流电阻的测定。

对于异步电机，其直流电阻是进行温升、绕组热损耗与效率计算所必需的一个参数，在空载试验、堵转试验、负载试验及温升试验中都涉及直流电阻的测量问题。

现有一台普通笼型异步电动机，型号为 Y2 - 100L1 - 4，试利用给定的试验台对此电机进行直流电阻测定试验。知识与技能要求如下：

1) 了解电机试验的基本要求及安全操作规程。

2) 掌握电机试验常用仪表、仪器和设备的正确使用方法。

3) 对给定的异步电动机进行直流电阻测定试验，能正确接线和通电，并测定对应的电压和电流，最后计算和换算得到相应的电阻值。

4) 根据测量（或换算）得到的直流电阻值，判断绕组的三相电阻是否平衡，并判定绕组的匝数、线径、并绕根数、接线方式及接线质量（有无短路和断路）等是否达标。

二、任务资讯

（一）异步电动机的接线方式

异步电动机的接线方式是指异步电动机在额定状态下运行时，电动机定子绕组的连接方式，有星形（Y）联结和三角形（△）联结两种。

（1）星形（丫）联结　图 1-1 所示是三相异步电动机三相绕组星形联结。星形联结的 U_1、V_1、W_1（三相绕组的首端）经开关 QS 接三相电源。U_2、V_2、W_2（绕组的尾端）连接在一起，如同丫，所以叫丫联结，简称丫。在实际应用中，三相异步电动机内部并未接成星形，而是将 U_1、U_2、V_1、V_2、W_1、W_2 六根引线引至接线盒中。

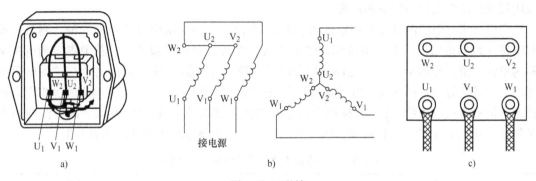

图 1-1　丫联结

（2）三角形（△）联结　图 1-2 所示是三相异步电动机三相绕组三角形联结。在 △ 联结中，每相绕组的尾端与次相绕组的首端相接，即图 1-2 中的 U 相（A 相）尾端 U_2 与 V 相（B 相）首端 V_1 相接，V 相的尾端 V_2 与 W 相（C 相）的首端 W_1 相接，W 相的尾端 W_2 与 U 相的首端 U_1 相接。在两相绕组的连接处，引出导线与电源相接。在实际应用中，都将三相异步电动机三相绕组的 U_1、U_2、V_1、V_2、W_1、W_2 六根引线引到接线盒中。

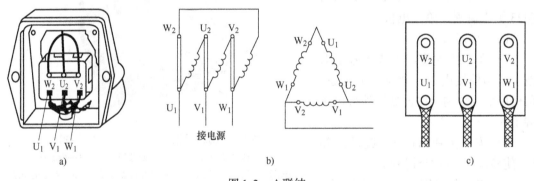

图 1-2　△联结

在实际应用中，往往在电机铭牌中标明其接线方式。例如，若铭牌标注接法为三角形，额定电压为 380V，则表明电动机电源电压为 380V 时应接成三角形；再如，电压标注为 380V/220V，接法标为丫/△，则表明电源电压为 380V 时，应接成星形（丫），电源线电压为 220V 时，应接成三角形（△）。

（二）异步电动机直流电阻的测量

根据 GB/T 755—2008 中给出的定义，绕组处于冷状态是指绕组的温度与冷却介质的温度（对于普通空气冷却的电动机为试验环境的空气温度）之差不超过 2K 时的状态。测量时，电动机的转子应静止不动。定子绕组的端电阻应在电动机的出线端上测量，绕线转子电动机的转子绕组端电阻应尽可能在绕组与集电环连接的接线片上进行测量。

每一相（或每两端）电阻应测量三次，每两次之间应间隔一段时间。每次读数与三次读数的算术平均值之差，应不超过平均值的 ±0.5%，否则应重新调整仪表再次进行测量。若是出厂试验，则只测量一次即可。

另外，测量绕组的直流电阻时，都要测量被测绕组的温度，若电机处于实际冷态，则可以用周围环境温度代替绕组的温度。

绕组直流电阻的测量可采用电桥法、电压-电流法和数字电阻仪法中的一种。测量仪器有电桥（包括惠斯顿［单］电桥和开尔文［双］电桥）和数字微欧计。其中惠斯顿电桥又称为单臂电桥，开尔文［双］电桥又称为双臂电桥。这里的"臂"是指电桥与被测电阻的连线，单臂是每端一条连线，双臂是每端两条连线。使用电桥法测量直流电阻时，应在电桥稳定平衡后再测取读数。其中1Ω以上的电阻用惠斯顿电桥测量，1Ω及以下的直流电阻则必须使用开尔文［双］电桥测量。国产直流电桥的常用型号及相关数据见表1-3。

表1-3　国产直流电桥的常用型号及相关数据

型号		测量范围/Ω	长×宽×厚/（mm×mm×mm）	精度（级）
单臂 QJ23		1~9999000	225×170×120	0.2
双臂	QJ42	10^{-4}~11	250×200×140	0.2
	QJ44	10^{-5}~11	300×255×150	0.2

1. 惠斯顿［单］电桥

（1）有关说明　图1-3所示为QJ23型惠斯顿［单］电桥。

（2）使用方法

1）在电桥内装好3节2号干电池。若用外接电池，则应将电池正、负极用引线分别接在表盘的外接电源端子6（+、-）上。

2）按下按钮B(2)，旋动旋钮5，使检流计3的指针指到0位。

3）将被测电阻接于端子12上。两条引线应尽可能短粗，并保证接点接触良好，否则将产生较大误差。

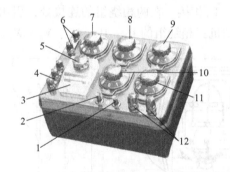

图1-3　QJ23型惠斯顿［单］电桥实物图
1—检流计按钮（G）　2—电源按钮（B）　3—检流计
4—检流计封开端子和连接片　5—检流计调零旋钮　6—外接电源端子
7—倍率旋钮　8—×1000旋钮　9—×100旋钮　10—×10旋钮
11—×1旋钮　12—接被测电阻端

4）估计被测电阻的阻值，并按其选择倍率旋钮7所处倍数，选择方法见表1-4。

表1-4　QJ23型惠斯顿［单］电桥倍率与测量范围对应表

被测电阻范围/Ω	1~9.999	10~99.99	100~999.9	1000~9999	10000~99990
应选倍率（×）	0.001	0.01	0.1	1	10

5）进一步按被测电阻估计值选择旋钮8（×1000）的数值（将所选数值对正盘底上的箭头，下同）。其余旋钮9、10、11置于0的位置。

6）按下按钮B(2)后，再按下按钮G(1)。观察检流计3指针的摆动方向，若很快摆到

"+"方向，则调大旋钮8（×1000）的数值，直到指针返回0位或向"－"方向摆动。

若摆向0位但未到0，则固定旋钮8，改旋旋钮11、10或9（向数值增大的方向），仔细调节，直到指针指向0为止，松开按钮G后，再松开按钮B（下同）。

此时，从旋钮8到旋钮11依次读出数值，再乘以旋钮7所指倍数，即为被测电阻的阻值（Ω）。假设×1000、×100、×10、×1旋钮位置分别为5、1、6、8，倍率旋钮为×0.001，则被测电阻的阻值为5168Ω×0.001＝5.168Ω。

若将旋钮8、9、10、11都旋到最大值（即9），指针仍在"小"的最边缘，则先将8（×1000）旋到1的位置，再旋动倍率旋钮7，使其增大一个数量级，如原为×0.1改为×1，看指针是否摆向0或"－"方向；若仍未动，则可再加大一级，直到摆向"－"方向为止。此时，依次旋动旋钮8、9、10和11，使数值减小，直到指针回到0为止。

总之，当指针偏向"+"方向时，倍率和数值旋钮应往大数方向调节；指针偏向"－"方向时，倍率和数值旋钮应往小数方向调节，直到指针指到0为止。

（3）注意事项

1）按下按钮G时，若指针很快打到"+"或"－"的最边缘，则说明预调值与实际值偏差较大，此时应松开按钮G，调整有关旋钮后，再按下按钮G观察调整情况。长时间让检流计指针偏在边缘处会对检流计造成损害。

2）按钮B、G分别负责电源和检流计的合断。使用时应注意：先按下按钮B，再按下按钮G；先松开按钮G，再松开按钮B，否则有可能损坏检流计。

3）长时间不使用时，应将内装电池取出。

2. 开尔文〔双〕电桥

（1）有关说明　图1-4所示为QJ44型开尔文〔双〕电桥。和惠斯顿〔单〕电桥相比，开尔文〔双〕电桥的优点是基本可以消除由接线电阻产生的误差。

（2）使用方法

1）安装好电池，内装4节2号干电池（并联）和2节9V叠层电池（6F22型，并联）；也可外接大容量电池，外接电池时应注意"＋"极和"－"极。

2）接好被测电阻 R_X，应注意4条接线的位置应按图1-5b所示，即电位端 P_1、

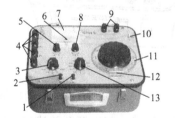

图1-4　QJ44型开尔文〔双〕电桥实物图

1—检流计按钮（G）　2—电源按钮（B）　3—倍率旋钮
4—外接引线端子　5—调零旋钮　6—机械调零螺钉
7—检流计　8—检流计灵敏度旋钮　9—外接电源端子
10—电源开关　11—小数值拨盘
12—数据指示线　13—大数旋钮

P_2 靠近被测电阻，电流端 C_1、C_2 在外，紧靠 P_1、P_2。接线要牢固可靠，尽可能减小接触电阻。

3）检查检流计的指针是否和零线对齐，若未对齐，则旋动机械调零螺钉，使指针和零线对齐。

4）将电源开关拨向"通"的方向，接通电源。

5）调整检流计调零旋钮，使检流计的指针指在0位。测量时，一般将灵敏度旋钮旋到较低的位置。

6）按估计的被测电阻值旋动倍率旋钮设置倍率，旋动大数旋钮预选最高位数值。倍率

与被测电阻范围的关系见表 1-5。

表 1-5　QJ44 型开尔文［双］电桥倍率与测量范围对应表

被测电阻范围/Ω	1 ~ 11	0.1 ~ 1.1	0.01 ~ 0.11	0.001 ~ 0.011	0.0001 ~ 0.0011
应选倍率（×）	100	10	1	0.1	0.01

7）先按下按钮 B，再按下按钮 G。先调大数旋钮，粗略调定数值范围；再调小数值拨盘（大转盘），细调确定最终数值，如图 1-5a 所示。

检流计指针方向和调节各旋钮（转盘）的方向关系，原则上与 QJ23 型惠斯顿［单］电桥相同。

检流计指零后，先松开按钮 G，再松开按钮 B。测量结果为

（大数旋钮所指数 + 小数值拨盘所指数）× 倍率旋钮所指倍率

例如，图 1-5b 中被测电阻 R_X 为

$$R_X = (0.03 + 0.0065)\Omega \times 10 = 0.0365\Omega \times 10 = 0.365\Omega$$

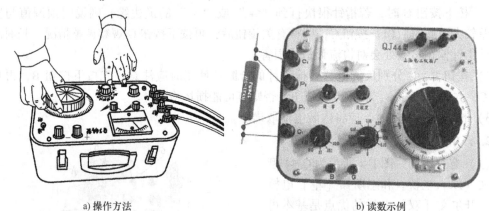

a）操作方法　　　　　　　　　　　　　　　　b）读数示例

图 1-5　QJ44 型开尔文［双］电桥的使用方法

8）测量完毕，将电源开关拨向"断"，断开电源。

（3）注意事项　使用 QJ44 型开尔文［双］电桥时的注意事项和 QJ23 型惠斯顿电桥基本相同，这里不再重复。但仍然要注意：测量时被测电阻与电桥连线应严格按照"内外有别"的位置进行，如图 1-6 所示。

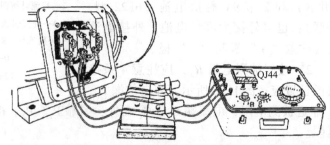

3. 数字微欧计

（1）有关说明　在微机控制

图 1-6　用开尔文［双］电桥测量电机绕组直流电阻的接线图

的试验系统中，一般采用具有数字通信接口的数字电阻仪测量电阻，并与微机连接进行数据传递来实现自动测量和数据处理。数字微欧计就是数字电阻仪的一种，如图 1-7 所示。和直流电阻电桥相比，数字微欧计具有使用方便、读数快捷的优势，在一定测量范围内，还具有精度高的优点。

图 1-7 常用数字微欧计外形图

数字微欧计的工作原理其实就是欧姆定律。它给被测电阻通入一个数值适当的电流（一般由仪器的恒流源供给）后，电阻两端将形成一个与阻值有关的电压降，仪表通过测量和转换，将电压和电流变成数字信号，计算单元再利用欧姆定律求出电阻数值，并在仪表窗口显示出来。对于微欧级的电阻测量仪表，则需要通过量程网络中的基准电阻和精密运算构成电桥电路，完成 R/V 变换。该类仪器的准确度主要取决于电流和电压的测量精度，一般可达到 0.2 级。

（2）使用方法 用于测量电机绕组直流电阻的数字电阻仪的显示位数，应根据所测量的阻值大小来决定，但应不少于 4 位半（有 5 个数字）。测量阻值在 1Ω 以下的电阻时，仪表应具有 $m\Omega$ 级的量程。

数字电阻仪一般采用与开尔文［双］电桥相同的 4 条引线（端子符号为 C_1、P_1 和 P_2、C_2）与被测电阻相连接。

（3）注意事项

1）测量阻值较小（如小于 0.01Ω）的电阻时，仪表输出的电流应适当增大，但不能超过被测电机额定电流的 1/10。

2）通电时间应尽可能短（不应超过 1min），以免因绕组发热而影响测量的准确度。

4. 电压-电流法

用电压-电流法测取直流电阻的电路有两种，如图 1-8 所示。它们的不同点在于电压表和电流表的相互位置，一般按电压表的接线位置来分：电压表在电流表前面时称为"电压表前接法"，较适用于电压表内阻与被测电阻之比大于 200 的场合；否则称为"电压表后接法"，较适用于电压表内阻与被测电阻之比小于 200 的场合。

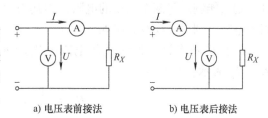

a) 电压表前接法   b) 电压表后接法

图 1-8 电压-电流法测直流电阻接线图

所选用电压表的内阻应尽可能大，电流表的内阻应尽可能小；所选用仪器、仪表的准确度不应低于 0.2 级，建议选用高精度的数字仪表。

接线时，仪表与被测电阻之间所用的导线应尽可能短粗，连接要可靠。连接好电路后，通入的电流不应大于被测绕组额定电流的 1/10，以免绕组发热而影响测量准确度。通电后应尽快（1min 以内）测量和记录电压表及电流表的显示数值。采用电压-电流法时，应同时读取电流值 I 和对应的电压值 U，每相电阻至少在三个不同的电流下进行测量。

下面对结果进行分析和计算。

（1）简单计算 当被测电阻阻值较大，并且对测量结果的精度要求不高时，可用欧姆定律的变换公式直接求出结果，即

$$R_X = \frac{U}{I} \tag{1-1}$$

式中，R_X 为待求电阻（Ω）；U 为电压表读数（V）；I 为电流表读数（A）。

（2）精确计算

1）电压表前接法主要适用于阻值大的电阻，如图1-8a所示。由于有一小部分电压被电流表分路，故电压表的读数大于被测电阻 R_X 上的电压，因此测出的阻值比实际阻值要大。若考虑电流表内阻 R_A，则被测阻值可用式(1-2) 计算

$$R_X = \frac{U - IR_A}{I} \tag{1-2}$$

式中，R_A 为电流表内阻（Ω）。

2）电压表后接法主要适用于阻值小的电阻，如图1-8b所示。由于有一小部分电流被电压表分路，故电流表的读数大于流过被测电阻 R_X 的电流，因此测出的阻值比实际阻值要小。若考虑电压表内阻 R_V，则精确的电阻值可用式(1-3) 计算

$$R_X = \frac{U}{I - \dfrac{U}{R_V}} \tag{1-3}$$

式中，R_V 为电压表的内阻（Ω）。

（三）异步电动机的电阻换算

1. 相电阻与线电阻的换算

当电机三相绕组各相的首尾共六个端点都引出时，可以分别测量各相的直流电阻，称其为"相电阻"。当三相绕组在电机内部接成星形（Y）或三角形（△）联结，只引出三根线时，则只能测量每两个端钮的电阻，称其为"线电阻"或"端电阻"。此时如果需要得到每相的电阻，则具体换算方法如下：

（1）精确换算　设三个线电阻分别用 R_{UV}、R_{VW}、R_{WU} 表示，三个相电阻分别用 R_U、R_V、R_W 表示，并假定

$$R_m = \frac{1}{2}(R_{UV} + R_{VW} + R_{WU}) \tag{1-4}$$

则三相绕组采用星形（Y）联结时，得到的相电阻为

$$\begin{cases} R_U = R_m - R_{VW} = \dfrac{1}{2}(R_{UV} + R_{WU} - R_{VW}) \\[2mm] R_V = R_m - R_{WU} = \dfrac{1}{2}(R_{VW} + R_{UV} - R_{WU}) \\[2mm] R_W = R_m - R_{UV} = \dfrac{1}{2}(R_{WU} + R_{VW} - R_{UV}) \end{cases} \tag{1-5}$$

三相绕组采用三角形（△）联结时，得到的相电阻为

$$\begin{cases} R_U = \dfrac{R_{VW}R_{WU}}{R_m - R_{UV}} + R_{UV} - R_m \\[2mm] R_V = \dfrac{R_{WU}R_{UV}}{R_m - R_{VW}} + R_{VW} - R_m \\[2mm] R_U = \dfrac{R_{UV}R_{VW}}{R_m - R_{WU}} + R_{WU} - R_m \end{cases} \tag{1-6}$$

（2）简单计算　电机试验时，经常利用三相电阻的平均值来计算绕组的热损耗（习惯上称为"铜耗"）。此时，由线电阻转化为相电阻的简单计算如下：

设三个线电阻的平均值为 R_L，则有

$$R_L = \frac{1}{3}(R_{UV} + R_{VW} + R_{WU}) \tag{1-7}$$

对于三相星形联结绕组，当实测三个线电阻的不平衡度不超过 ±2% 时，相电阻为

$$R_\phi = \frac{1}{2}R_L \tag{1-8}$$

对于三相三角形联结绕组，当实测三个线电阻的不平衡度不超过 ±1.5% 时，相电阻为

$$R_\phi = \frac{3}{2}R_L \tag{1-9}$$

例如，某三相星形联结绕组实测的三个线电阻分别为 1.025Ω、1.020Ω、1.024Ω，其三相平均值为 $(1.025 + 1.020 + 1.024)\Omega/3 = 1.023\Omega$，三相不平衡度为 $(1.020 - 1.023)/1.023 = -0.293\%$，未超过 ±2%，则相电阻平均值为 $0.5 \times 1.023\Omega = 0.5115\Omega$。

若将上述示例由星形联结改为三角形联结，则计算所得的三相不平衡度为 -0.293%，未超过 ±1.5%。因此，三相相电阻平均值为 $1.5 \times 1.023\Omega = 1.5345\Omega$。

2. 不同温度下导体电阻的换算

一般金属导体的直流电阻与其温度之间有一个固定的关系，即

$$R_1 = \frac{K + \theta_1}{K + \theta_2}R_2 \tag{1-10}$$

式中，R_1 为温度为 θ_1 时的直流电阻（Ω）；R_2 为温度为 θ_2 时的直流电阻（Ω）；K 为系数，它是在 0℃ 时导体电阻温度系数的倒数，铜绕组的 $K = 235$，铝绕组的 $K = 225$。

例如，在温度为 15℃ 时测得某铜绕组的直流电阻为 10Ω，求该绕组在 95℃ 时的直流电阻。

解：由题意可知，$K = 235$，$R_{15℃} = 10\Omega$，$\theta_1 = 15℃$，$\theta_2 = 95℃$，于是得到

$$R_{95℃} = \frac{K + \theta_1}{K + \theta_2}R_{15℃} = \frac{235 + 95}{235 + 15} \times 10\Omega = 13.2\ \Omega$$

则该绕组在 95℃ 时的直流电阻为 13.2Ω。

三、任务实施

利用电压降法对给定的异步电动机进行绕组的冷态直流电阻测定试验时，具体的试验步骤如下：

（1）接线测试

1）穿戴好劳动保护用品，清点器件、仪表、电工工具等并摆放整齐。本任务试验所需仪器、仪表和设备见附录 B。

2）将电动机烘燥后取出冷却至室温；拆掉电动机的接线盒外盖，拆除接线柱上的连接片，使绕组六根引出线相互孤立；当三相绕组的线头引出后，应用万用表测量每相绕组是否导通、接线是否正确。确认无误后，则可进行下一步操作。

3）按图 1-9 接线，把 R 调至最大值位置，合上开关 QS，调节直流电源及阻值 R，使试验电流不超过电动机额定电流的 20%，以防因试验电流过大而引起绕组的温度上升，待读数稳定后读取电流表和电压表的示值，并填入表 1-6 中。

4）在试验电流不超过额定电流 20% 的情况下，选择符合要求的电流连测三次，把电压表读数 U 和电流表读数 I 填入表 1-6 中。用同样的方法测量并计算出另外两相的电阻。另外，还要同时测量环境空气温度 θ_1。

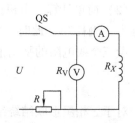

图 1-9 电压-电流法测绕组直流电阻的接线原理图

表 1-6 电压-电流法测电阻原始数据记录表（室温 $\theta_1 = $ _____ ℃）

	绕组 I			绕组 II			绕组 III		
I/mA									
U/V									

（2）数据分析

1）根据表 1-6 中记录的试验数据，由欧姆定律求取被测绕组的直流阻值

$$R_X = \frac{U}{I} \tag{1-11}$$

式中，U 为实测的电压表读数值（V）；I 为对应电压的实测电流表读数值（A）；R_X 为待测阻值（Ω）。

2）每相绕组测量三次，取三次的平均值作为测量结果，根据记录的试验结果，计算三相电阻的不平衡度，看其是否符合要求，若符合要求，则进行下一步操作。

$$R_P = \frac{R_U + R_V + R_W}{3} \tag{1-12}$$

$$\frac{R_{max} - R_P}{R_P} \times 100\% \leqslant 2.5\% \tag{1-13}$$

$$\frac{R_P - R_{min}}{R_P} \times 100\% \leqslant 2.5\% \tag{1-14}$$

式中，R_X 为三相绕组中每相绕组三次测量值的平均值（Ω），表示 R_U、R_V、R_W 中的一个；R_P 为三相绕组直流电阻的平均值（Ω）；R_{man} 为 R_X 中的最大值（Ω）；R_{min} 为 R_X 中的最小值（Ω）。

3）计算三个线电阻的平均值 R_{01}（Ω）（即 R_P）并换算到基准工作温度（如 95℃）或环境温度为 θ_2（如 25℃）时的数值 R_j（Ω）。将计算结果填入表 1-7 中。

$$R_{01} = \frac{R_U + R_V + R_W}{3} \tag{1-15}$$

$$R_j = R_{01} \frac{K_1 + \theta_2}{K_1 + \theta_1} \tag{1-16}$$

$$R_1 = \frac{2}{3} R_j \tag{1-17}$$

式中，R_{01} 为环境温度为 θ_1 时的冷态直流电阻的平均值（Ω）；R_j 为换算到环境温度为 θ_2 时的相电阻（Ω）；R_1 为换算到环境温度为 θ_2 时的线电阻（Ω）。

表1-7　绕组冷态直流电阻结果分析记录表

测量端	每相冷态相电阻计算值及平均值/Ω				冷态环境温度 θ_1/℃	三相冷态相电阻平均值 R_{01}/Ω
	第一次	第二次	第三次	平均值		
$U_1 - U_2$						
$V_1 - V_2$						
$W_1 - W_2$						
换算到环境温度为 θ_2（℃）时的相电阻 R_j/Ω						
换算到环境温度为 θ_2（℃）时的线电阻 R_1/Ω						

四、任务拓展

（一）万用表

1. 有关说明

万用表是一种多功能、多量程的便携式电工测量仪表。它可以进行直流电压、直流电流、交流电压、电阻和晶体管参数的测量，其功能相当于电流表、电压表、欧姆表等基本电工仪表的组合。较高档的万用表还可以测量交流电流、电容和电感等电路参数，万用表因此而得名。万用表根据所应用的测量原理和测量结果显示方式的不同，可以分为指针式万用表和数字式万用表两大类。

不管是指针式万用表还是数字式万用表，都是通过改变面板上转换开关的档位，从而改变测量电路的测量结构，来满足各种功能的测量要求。近年来数字式万用表的发展和普及，使万用表的生产和应用都上了一个新的台阶。图1-10所示为几种常见的万用表。

下面以数字式万用表为例，讲述其原理、结构、使用方法和注意事项。

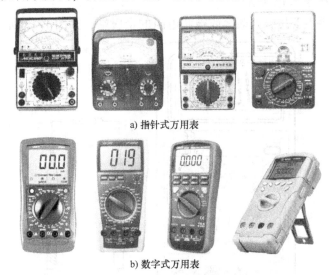

a) 指针式万用表

b) 数字式万用表

图1-10　常见万用表实物图

数字式万用表先由模-数转换器将被测量的模拟量转换成数字量，然后由电子计数器进行计数，最后把测量结果以数字形式直接显示在显示器上。这种仪表显示直观、测量速度快、功能全、测量精度高、可靠性好、小巧轻便、耗电少、便于操作，已成为电工、电子测量以及电子设备维修等部门的必备仪表。

数字式万用表的外形结构形式较多，但除显示测量数据的部分（包括两个调零元件）与指针式万用表完全不同外，其他结构及元件与指针式万用表大体相同。数字式万用表除了可测量电阻、电压和电流外，很多品种还能够测量温度、小容量电容、交流电频率、三相电源相序、小容量电感等多种以前靠专用仪器、仪表才能测量的物理量。所以其功能旋钮（有的品种附加一定的功能选择键）往往较大，插孔也较多。另外，数字式万用表一般会设置电源开关、数据保持键（在测量过程中按下该键后，显示屏中的数据将保持为按键瞬时的数值，以便于读数和记录；再次按动该键，即解除数据保持状态）。有些品种还具有数据存储功能。图 1-11 所示为一种数字式万用表。

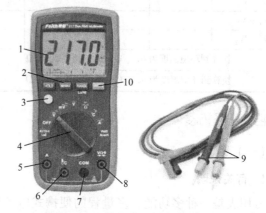

图 1-11　数字式万用表外形示例

1—显示屏　2—功能转换键　3—电源开关　4—功能转换开关
5—电流插孔　6—温度插孔　7—共用插孔　8—电压、电阻插孔
9—表笔　10—数据保持键

数字式万用表上的旋钮和按键以及液晶屏上显示的内容，多用英文字母或图形代码标示。

2. 使用方法

（1）电阻的测量　将黑表笔插入"COM"插孔，红表笔插入"V/Ω"插孔，然后将功能转换开关置于"Ω"范围内的合适量程上，将两表笔连接到被测电阻上，显示器将显示出被测电阻的阻值，如图 1-12 所示。

测量电阻时，手不要接触两表笔或被测电阻的金属端，如图 1-13 所示，以免因引入人

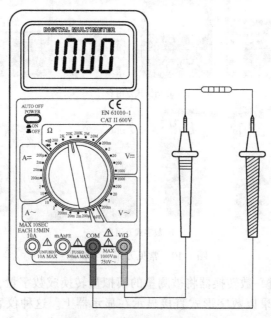

图 1-12　用万用表测量电阻

体感应电阻（此时相当于被测电阻两端并入了一个人体电阻）而使读数减小，尤其是对于 $R \times 10k$ 等较大的阻值档位，影响会较大。

图 1-13　用万用表测量电阻时的错误拿法

（2）直流电压的测量　将黑表笔插入"COM"插孔，红表笔插入"V/Ω"插孔。将功能转换开关置于"V =="范围内的合适量程上，表笔与被测电路并联，红表笔接被测电路高电位端，黑表笔接被测电路低电位端，如图 1-14 所示。

（3）交流电压的测量　将黑表笔插入"COM"插孔，红表笔插入"V/Ω"插孔。将功能转换开关置于"V ~"范围内的合适量程上，表笔与被测电路并联，红、黑表笔不分极性，如图 1-15 所示。

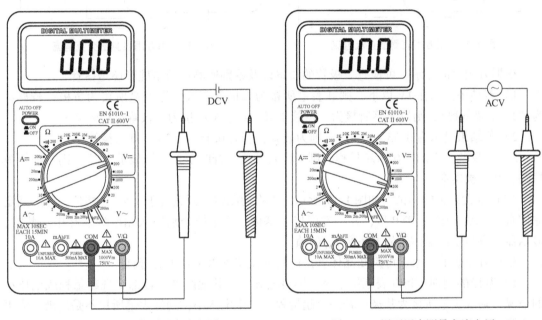

图 1-14　用万用表测量直流电压　　　　　图 1-15　用万用表测量交流电压

（4）直流电流的测量　将黑表笔插入"COM"插孔，红表笔需视被测电流的大小而定：如果被测电流最大为 2A，应将红表笔插入"2A"插孔；如果被测电流最大为 10A，应将红表笔插入"10A"插孔。将功能转换开关置于相应的量程和档位（直流电流档），将测试笔串联接入被测电路中，显示器即显示出被测电流的值，如图 1-16 所示。

（5）交流电流的测量　与上述第（4）项方法一样，不同的是需要把档位打到交流电流档，如图 1-17 所示。

（6）二极管的测试　先将黑表笔插入"COM"插孔，红表笔插入"V/Ω"插孔，然后将功能转换开关置于二极管测试档位，将两表笔连接到被测二极管的两端，显示器将显示二极管正向压降的毫伏（mV）值，二极管反向时则过载，如图 1-18 所示。

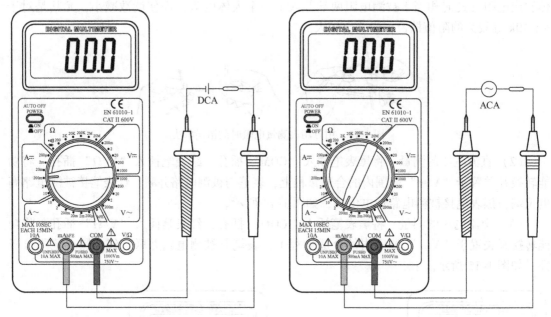

图 1-16　用万用表测量直流电流　　　　图 1-17　用万用表测量交流电流

根据万用表的显示，可检查二极管的质量以及鉴别所测量的是硅管还是锗管。

1）若结果显示在 1V 以下，则红表笔所接为二极管正极，黑表笔所接为负极；若显示为"1"（超量程），则黑表笔所接为二极管正极，红表笔所接为二极管负极。

2）若结果显示为 0.55～0.70V，则为硅管；若为 0.15～0.3V，则为锗管。

3）如果两个方向均显示超量程，则二极管开路；若两个方向均显示"0"，则二极管被短路，甚至被击穿。

（7）放大系数的测试　如图 1-19 所示，先将功能转换开关置于"h_{FE}"档位，然后确定晶体管是 NPN 型还是 PNP 型，并将发射极、基极、集电极分别插入相应的插孔中。此时，显示器上将显示出晶体管放大系数 h_{FE} 的值。

根据万用表的显示，可判断晶体管是硅管还是锗管以及管子的管脚。

1）基极的判别。将红表笔接某极，黑表笔分别接其他两极，若都出现超量程或电压小的情况，则红表笔所接为基极；若一个超量程，一个电压小，则红表笔所接不是基极，应更换管脚重测。

2）管型的判别。在上面的测量中，若都显示超量程，则为 PNP 型管；若电压都在 0.5～0.7V 之间，则为 NPN 型管。

3）集电极和发射极的判别。用 h_{FE} 档判别，在已知管子类型的情况下（此处设为 NPN 型管），将基极插入 B 孔，其他两极分别插入 C 孔和 E 孔。若结果为 $h_{FE} = 1～10$（或十几），则晶体管接反了；若 $h_{FE} = 10～100$（或更大），则接线正确。

3. 注意事项

1）使用前应观察表针是否处于 0 位。不在 0 位时，应旋动调零螺钉，使表针处于 0 位。

2）检查两个表笔及引线有无断裂处，如有应更换新线或用绝缘胶布包扎好。这一点对测量较高的交流电压时尤为重要，否则有可能发生触电事故。

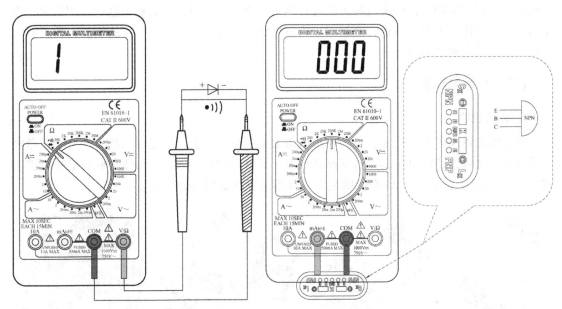

图 1-18 用万用表测试二极管   图 1-19 用万用表测试放大系数

3）检查引线插头是否松动，如松动应设法紧固。有时松动是由插孔的紧固螺母松动引起的，此时应打开表壳对其进行紧固。

4）先将 ON - OFF 开关置于 ON 位置，检查 9V 电池电压值。如果电池电压不足，显示器左边将显示英文字符，此时应打开后盖并更换电池；如未显示上述字符，则可继续操作。

5）测试插孔旁出现正三角形中带感叹号的标志时，表示输入电压或电流不应超过指示值。

6）若显示器只显示"1"，表示量程选择得偏小，此时应将功能转换开关置于更高量程。

7）在高电压电路上测量电流、电压时，应注意人身安全。

8）当功能转换开关置于电阻档时，不得引入电压。

9）当测量直流电压和电流，指针与电路连接的正、负极不正确时，将在所显示的测量值前面出现"-"号，如"-3.2V"，应予以注意。

10）测量电容器的电容时，应事先对电容器进行充分放电。

11）普通数字式万用表不能测量变频器输出电压和电流（特别是电压），也不适宜测量频率很低的电流和电压（如绕线转子电动机的转子电流）。

12）数字式万用表不适合观察测量变化过程较快的数据，因为其显示值是一段时间（一般为 1s）内的平均值。

13）绝对禁止在通电测量的过程中改变量程或更换测量项目。

14）绝对不允许测量超过量程范围的高电压。

15）绝大部分数字式万用表都需要注意防止水分及其他液体（特别是具有腐蚀性的液体）侵入。一旦有液体进入，应立即拆下电池，采用吹热风（温度应控制在 60℃ 以内）或其他有效的方式对其进行烘干处理。

16）因数字式万用表所有测量项目都需要在仪表中安装电池，当电池电压较低时，将影响仪表的测量准确度，严重时将无法进行测量。所以应随时注意检查电池的使用情况，以免影响测量工作。另外，不进行测量时，应将电源开关置于关断（OFF）的位置；较长时间不用时，应将电池全部取出。

（二）绝缘电阻表

1. 有关说明

测量电机绝缘电阻的仪表，称为绝缘电阻表，俗称兆欧表，它是专门用于检查和测量电气设备或供电线路绝缘电阻的一种便携式仪表，其计量单位为 MΩ。几种常见的绝缘电阻表如图 1-20 所示。其中，ZC25 型绝缘电阻表外形示意图如图 1-21 所示。

a) 500V 手摇式 b) 1000V 手摇式 c) 电子指针式 d) 电子数字式

图 1-20　常见绝缘电阻表实物图

测量电机绕组的绝缘电阻时，不同电压等级的电机应选用不同规格的绝缘电阻表，见表 1-8。另外，测量埋置在绕组内和其他发热元件中的热敏元件等的绝缘电阻时，一般应选用规格为 250V 的绝缘电阻表。

表 1-8　绝缘电阻表选用规定

电机额定电压/V	≤36	>36 ~ 500	>500 ~ 3300	>3300
绝缘电阻表规格/V	250	500	1000	≥2500

在型式试验中，测定绕组的绝缘电阻时，如果电机绕组的接线端都已经引出到电机机壳外，则应分别测量每个绕组对机壳的绝缘电阻值和各绕组之间的绝缘电阻值；如果绕组在电机内部就已经接成星形（Y）或三角形（△），可以只测量它们对机壳的绝缘电阻值。同时，在电机的型式试验中，应分别测量电机绕组在实际冷态和热态下的绝缘电阻；如果只是出厂试验，可以只测量其在实际冷态下的绝缘电阻。

图 1-21　ZC25 型绝缘电阻表外形示意图
1—接地接线柱　2—表盖　3—刻度盘　4—发电机摇柄　5—提手　6—橡皮底脚　7—电路接线柱

2. 使用方法

1）根据电机的电压等级选用对应规格的绝缘电阻表，将绝缘电阻表水平放置，以避免因抖动和倾斜所产生的测量误差。摇动手柄，在电阻表引线分别短接和开路的情况下，检查绝缘电阻表是否完好。开路试验时，仪表示值应为无穷大（表盘上的符号为"∞"）；短路试验时，仪表示值应为0MΩ，如图1-22所示。必须注意：输出端短接时间不能太长，否则会损坏绝缘电阻表。

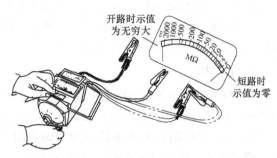

图1-22 使用前对绝缘电阻表进行初步检查

2）接线。手摇式绝缘电阻表的出线端有三个，分别用字母L、G、E标示，G端一般不用。如果测的是每相绕组对地（机壳）的绝缘电阻，则接线时L端应接被测绕组，E端接机壳或地线；如果测的是绕组之间的绝缘电阻，则接线时L端应接被测绕组，E端接另一相绕组，如图1-23所示。

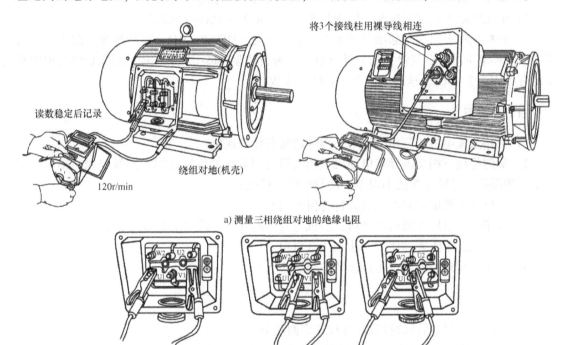

a) 测量三相绕组对地的绝缘电阻

U—W   V—W   U—V

b) 测量三相绕组之间的绝缘电阻

图1-23 用绝缘电阻表测量电机绕组的绝缘电阻

3）测量时，手摇发电的转速应保持在120r/min左右，允许有±20%的变化，但不得超过±25%。一般需摇1min左右，在仪表指针达到稳定后再读数。如果被测电路中有电容，则摇动时间应稍长一些，待电容充电完成，指针稳定之后再读数。注意：不要用手触摸绝缘电阻表的接线柱，以免触电。

4）根据测得的数据，以其中最小值为最后结果，并判定电机是否符合要求：一般情况下，对于高压电机，绝缘电阻应不小于50MΩ；对于1000V及以下的低压电机，绝缘电阻不低于5MΩ为完全合格，若不足5MΩ，但在0.5MΩ以上，则可基本排除是绝缘的问题，但应对该电动机绕组进行烘干处理后，再次进行绝缘电阻的测定，直到达到上述合格标准为止。

另外，国家标准 GB/T 5171.1—2014《小功率电动机　第 1 部分：通用技术条件》规定，小功率电动机的热态绝缘电阻应不小于 1MΩ，冷态绝缘电阻应不小于 20MΩ。如果阻值偏小，说明线圈绝缘不良，应进行检修。

3. 注意事项

1）由于被测设备或电路中可能存在电容放电危及人身安全和绝缘电阻表，测量前应对设备和电路进行放电，这样也可以减小测量误差。

2）在绝缘电阻表未停止转动前，切勿用手触及设备的测量部分或绝缘电阻表的接线柱。测量完毕，应对设备充分放电后再拆线，避免发生触电事故，这对较大容量的电动机更为重要，目的是防止被测绕组在试验时的储存电荷发生电击。

3）禁止在雷电天气时或附近有高压导体的设备上测量绝缘电阻。

4）绝缘电阻表应定期校验，检查其测量误差是否在允许范围之内。

5）有些绝缘电阻表的起始刻度不是零值，而是 1MΩ 或 2MΩ，这种绝缘电阻表不适合测量潮湿环境下低压电气设备的绝缘电阻。因为在潮湿环境中，低压电气设备的绝缘电阻很小，有可能小于 1MΩ，这时仪表上不能读出读数。

五、任务思考

1）三相交流电机的三相绕组不平衡时通常有什么现象？

2）如何检测三相交流异步电动机三相绕组之间对地的绝缘电阻？测量绝缘电阻时，会产生哪些误差？怎样才能减小误差，使测量值更精确？

3）电机的绝缘电阻对电机的运行有何影响？

4）对于不同电压等级的电动机，测试绝缘电阻时对绝缘电阻表有何要求？

5）说明绝缘电阻表的使用方法和注意事项。

6）什么叫接地？电气设备接地的作用是什么？

六、任务反馈

任务反馈主要包括试验报告和考核评定两部分。

（1）试验报告　具体在写试验报告时，要注意以下几点：

1）要注明试验项目名称、专业、班级、试验日期等。

2）要写明试验的目的，有必要时画出相关试验电路图，测量并记录数据。

3）对数据进行分析后，有必要时绘出相关曲线，写出试验总结及心得体会。

4）按时按质上交试验报告。

5）其他。

（2）考核评定　主要包括如下内容：

1）接线和操作是否正确，能否排查试验中遇到的故障，能否按时完成试验。

2）回答问题是否正确，语言表达是否清楚。

3）有无查询文献资料的能力，有无解决问题和分析问题的能力。

4）是否遵守课堂纪律。

5）有无团队协作精神。

6）有无安全意识。

7）"6S" 管理是否到位。

8）其他。

任务二　耐压判定试验

一、任务描述

在进行耐电压试验时，通过相关的测试设备，对被试绕组加模拟上述生产使用时可能遇到的过电压，能显示出故障现象，从而发现电磁线外层绝缘质量问题和生产制造过程中对绕组绝缘造成的损伤，进而设法进行修复，最大限度地避免使用时的损失。

现有一台普通笼型异步电动机，型号为 Y2－100L1－4，试利用给定的试验台对此电动机进行耐压判定试验，具体要求如下：

1）了解电机耐压试验的基本要求及安全操作规程。

2）掌握电机耐压试验常用仪表、仪器和设备的正确使用方法。

3）对给定的异步电动机进行绕组匝间耐冲击电压试验，能正确接线和通电，测定被试电动机的耐压情况，如泄漏电流等，并判定其耐压是否达标。

4）对给定的异步电动机进行绕组对地的耐冲击电压试验，能正确接线和通电，测定被试电动机的耐压情况，并判定其耐压是否达标。

5）对给定的异步电动机进行绕组的耐交流电压试验，能正确接线和通电，测定被试电动机的耐压情况，并判定其耐压是否达标。

二、任务资讯

（一）绕组匝间耐冲击电压试验

绕组匝间耐冲击电压试验，是将一相绕组两端施加一个直流冲击电压，检查绕组线匝相互间绝缘耐电压水平的试验。同时也可检查绕组与相邻其他电气元件和铁心等导电器件之间的绝缘情况。

实践证明，电机在运行中出现的绕组烧毁故障，特别是突发性的烧毁故障，大部分是由于绕组局部匝间绝缘失效所造成的，并且这种突然失效往往与出厂前已存在的绝缘水平下降的先天性隐患有关，而这些隐患绝大部分可通过进行匝间耐冲击电压试验来发现。

所以，电机生产和修理单位对匝间耐冲击电压试验越来越重视，都在积极地开展本项试验工作。

不同类型电机的绕组试验方法及所加冲击电压值按不同的试验标准进行选择。

本试验在电机生产的各工序中均可进行，也可只选择其中某几个工序进行试验。试验所处工序和工序冲击试验电压峰值由生产厂自定。当整机试验有困难时，允许在装配前对压入机壳后的定子绕组和装配好的绕线转子绕组进行试验来代替整机本项试验。

（1）试验设备　对电机绕组进行匝间耐冲击电压的试验仪器简称为匝间耐压仪。其规格有很多种，具体试验时，应按试验电压的高低来选择仪器的规格。一些国产匝间耐压仪的外形如图 1-24 所示。在进行匝间耐冲击电压试验时，对被试绕组加模拟上述生产使用时可能遇到的过电压，能显示出故障现象，从而发现电磁线外层绝缘质量问题和生产制造过程中对绕组绝缘造成的损伤，进而设法进行修复，最大限度地避免了使用时的损失，这就是本项试验的意义所在。

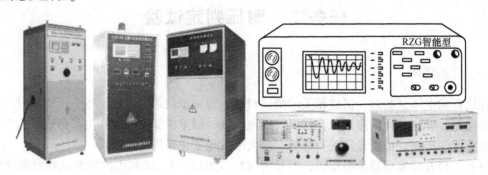

图1-24　国产匝间耐压仪外形示意图

（2）接线方式　对于额定电压为1140V及以下的中小型三相和单相异步电动机，其接线方法如下：

1）如果三相绕组的6个线端都引出，可按图1-25a所示接法，称为相接法。这种方法较适用于无换相装置的匝间耐压仪，需人工倒相。

2）如果三相绕组已接成星形或三角形，则可按图1-25b、c、d、e所示的方法接线。

3）如果是单相电机，如洗衣机用单相异步电动机，可按图1-25f所示的方法接线。此时，两台电机的材料、工艺和规格均相同，电磁参数也完全相同，被接上的两套绕组互为标准绕组，这样方可进行对比试验。

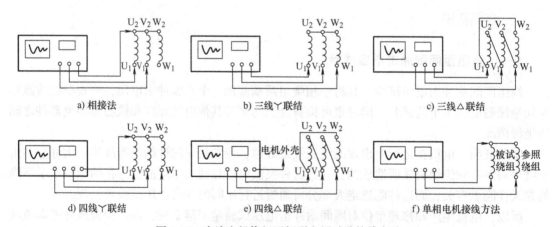

图1-25　交流电机绕组匝间耐电压试验接线方法

（3）试验电压　根据国家标准GB/T 22719.2—2008《交流低压电机散嵌绕组匝间绝缘　第2部分：试验限值》，对组装后的电机进行匝间耐冲击电压试验时，所加的冲击电压按式（1-18）进行计算。计算值修约到百伏。

$$U_Z = \sqrt{2}KU_G \tag{1-18}$$

式中，K为电机运行系数，一般为$1.0 \sim 1.4$，运行条件严重，此值越大，对于一般运行场合的电机，K取1.0，对于特殊运行场合的电机，K取1.4；U_G为耐交流电压值（V），一般运行场合时，$U_G = 2U_N + 1000\text{V}$。

例如，对于一般运行场合的电机，当 $U_N = 380V$ 时，有

$$U_G = 2U_N + 1000V = 2 \times 380V + 1000V = 1760V$$

则
$$U_Z = 1.4 \times 1 \times 1760V = 2464V$$

修约到百伏后为 2500V。

又如，铭牌标注为 380V/660V、△/丫 的普通电机，U_N 应取两个电压中较高的 660V，则

$$U_G = 2 \times 660V + 1000V = 2320V$$

$$U_Z = 1.4 \times 1 \times 2320V = 3248V$$

修约到百伏后为 3200V。

（4）试验时间　每次试验的冲击次数应不少于 5 次。但因其次数的计量不易保证准确，一般控制在 1~3s 之间，有必要时可适当延长时间。

（5）结果判定　因为不同规格或不同厂家生产的匝间耐压仪对绕组同一种故障的反应会有所不同；另外，对于三相绕组，不同的接线方式也会出现不同的反应，所以很难给出一个通用的判定标准。应不断通过试验总结经验，得出可行的判定标准。这样施加需要的电压 1~3s 后，即可根据两条曲线的形状凭经验用对比法对结果进行判定：

1）当两个绕组都正常时，两条曲线将完全重合，即在屏幕上只能看到一条曲线，如图 1-26a 所示。

需要注意的是，所谓的完全重合只是相对的，因为要想得到这一结果，两相绕组的直流电阻、电感量、磁路参数（包括铁心尺寸和在各个方向上的导磁性能、槽之间距离的一致性、定转子之间气隙的均匀度、绕组端部的形状以及与附近机座和端盖之间的距离等）、电容量等均应完全相同，客观地讲这是不可能做到的。所以，实际上只能做到无较大差异，或者说基本重合。

2）当两条曲线都很平稳，但有较小差异（图 1-26b）时，可能是由下述原因造成的：

a）和总匝数相比而言，有少量的匝间已完全短路（或称金属短路）。

b）若被试电机这一个规格都存在这种现象，则很可能是由于磁路不均匀造成的，如槽距不均、定转子之间的气隙不均、转子有断条、铁心导磁性能在各个方向不一致等，拆出转

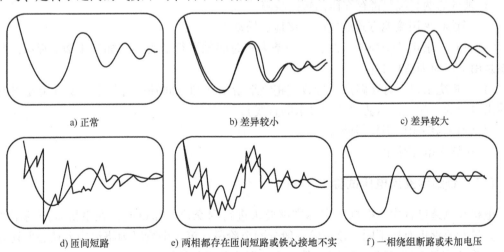

a) 正常　　　　　　　　　b) 差异较小　　　　　　　　c) 差异较大

d) 匝间短路　　　e) 两相都存在匝间短路或铁心接地不实　　　f) 一相绕组断路或未加电压

图 1-26　匝间耐电压试验波形曲线典型示例图

子后再进行试验，若曲线变为正常状态，则说明定子绕组没有问题。

c）对于有较多匝数的绕组，也可能是其中一相绕组的匝数略多于或略少于正常值。

d）对于多股并绕的线圈，在连线时，若有的线股没有接上或结点接触电阻较大，则两个绕组的直流电阻也会有一定差异。

e）三相绕组因导线材料和绕制线圈、端部整形等操作工艺波动，会造成电阻或电抗（主要是漏电抗）存在少量差异。

f）由两个晶闸管组成的匝间耐压仪，在使用较长时间后，会因两个晶闸管或相关电气元件（如电容器的电容量及泄漏电流等）参数的变化造成输出电压有所不同，从而使两条放电曲线产生一个较小的差异。此时，每次试验（如三相电机的三次试验）都将有相同的反应，但应注意，该反应对容量较大的电机会较大，对容量较小的电机可能不明显。

g）仪器未调整好，造成未加电压时两条曲线就不重合。

3）当两条曲线都很平稳，但差异较大（图1-26c）时，可能是由下述原因造成的：

a）两个绕组匝数相差较多或其中一个绕组内部相距较远（从理论上讲较远，但实际空间距离是零）的两匝或几匝已完全短路，此时两个绕组的直流电阻也会有一定差异。

b）两个绕组匝数相同，但有一个绕组中的个别线圈存在头尾反接现象。

4）当一条曲线平稳并正常，另一条曲线出现杂乱的波形（图1-26d）时，可能是由下述原因造成的：

a）曲线出现杂乱尖波的那相绕组内部存在似接非接的匝间短路，在高电压的作用下，短路点产生电火花，如发生在绕组端部，则可能看到蓝色的火花，并能听到"啪啪"的放电声，可通过一根绝缘杆测听，如图1-27所示。

b）仪器接线松动或虚接。

5）当两条曲线都出现杂乱的波形（图1-26e）时，可能是由下述原因造成的：

接匝间耐压仪

图1-27 通过一根绝缘杆测听匝间放电声

a）被试的两套绕组都存在匝间短路故障。

b）当铁心采用接地方式放置时，接地点松动不实。

6）只有一条正常平稳的曲线，另一条为和时间轴平行的直线，如图1-26f所示，此时可能是由下述原因造成的：

a）一相绕组自身有断路点，导致该相绕组断路（和时间轴平行的直线实际上是没有接通冲击电压的一相，即示波器初始显示的直线）。

b）仪器与绕组的引接线断开。

c）一路无电压输出。

（二）绕组耐交流电压试验

电机在制造过程中，根据国家标准都要求进行耐交流电压试验，在电机生产的不同阶段，其试验要求也有所不同。该试验一般分两个阶段：第一个阶段为绕组嵌入铁心但还未浸漆时（俗称定子毛坯或转子毛坯）；第二个阶段为装成整机后。

除非有特殊规定，整机试验应指对绕组和机壳之间的加压试验，即习惯上所说的对地耐电压试验。

（1）试验设备　图1-28和图1-29为电机耐交流电压试验设备主要组成部分的实物图和原理图。

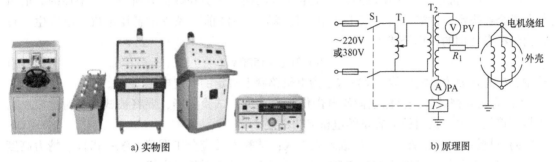

a) 实物图　　　　　　　　　　b) 原理图

图1-28　低压电机用耐交流电压试验设备及其原理示意图

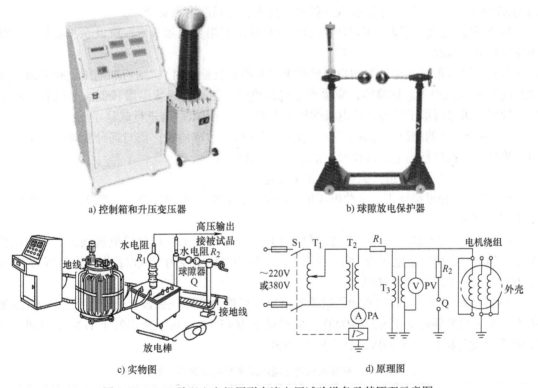

a) 控制箱和升压变压器　　　　　　　　b) 球隙放电保护器

c) 实物图　　　　　　　　　　d) 原理图

图1-29　3kW及以上电机用耐交流电压试验设备及其原理示意图

（2）试验方法

1）新绕组第一次试验时。

a）升压变压器的高压输出端接被试绕组，低压端接地。

b）被试电机外壳（或铁心）及未加高压的绕组都要可靠接地。

c）试验加压时间分为1min和1s两种。

d）对于电机成品，1min方法耐交流电压试验的电压值按表1-9的规定。对于静止电力变流器（整流电源）供电的直流电动机，应依据电动机的直流电压或静止电力变流器输入端相与相间额定交流电压的有效值两者中较高者从表1-9中选取耐电压值。如静止电力变流设备中包含输入变压器，则上面提到的变流器输入端电压是指变压器的输出电压。

e）对于电机定、转子半成品，试验电压应比表1-9所列数值有所增加，增加的数值由行业或企业决定。例如，符合表1-9中"接线后，浸漆前"条件的低压电机，电机生产行业内供参考使用的计算公式为

$$U = 2U_N + 1500V \tag{1-19}$$

式中，U 为施加的耐电压值（V）；U_N 为电机铭牌上规定的额定电压（V）。

f）为防止被试绕组存储电荷放电击伤试验人员，试验完毕，要将被试绕组对地放电后再拆下接线，这一点对较大容量的电机尤为必要。

g）试验时，非试验人员严禁进入试验区；试验人员应分工明确、统一指挥、精力高度集中，所有人员与被试电机的距离都应在1m以上，并面对被试电机。

h）除控制试验电压的试验人员能切断电源外，还应在其他位置设置可切断电源的装置（如脚踏开关），并由另一个试验人员控制。总之，要高度注意安全。

2）对绕组重复试验时。因本项试验对电机绝缘有损伤积累效应，所以除非必须，一般不应进行重复试验。

若必须进行重复试验（如用户强烈要求或某些验收检查时），则所加电压应降至第一次试验时的80%及以下。试验前，应检查电机的绝缘电阻，若绝缘电阻较低或电机有受潮现象，应对电机进行烘干处理，待电机的绝缘电阻达到理想值后再进行试验。

3）对修理后的绕组进行试验时。当用户与修理商达成协议，要对部分重绕的绕组或经过大修后的电机进行耐电压试验时，推荐采用下述细则：

a）对于全部重绕绕组，试验电压值同新电机。

b）对于部分重绕绕组，试验电压值为新电机试验电压值的75%。试验前，应仔细清洗并烘干旧绕组。

c）对于经过大修的电机，在清洗和烘干后，应能承受1.5倍被试电机额定电压的试验电压。当被试电机额定电压为100V及以上时，试验电压至少为1000V；当额定电压为100V以下时，试验电压至少为500V。

（3）试验电压　试验时所加的试验电压应尽可能为实际正弦波，且频率为50Hz，施加的电压值一般为额定电压×2+1000V，而且最低为1500V。对于功率低于1kW的电机，试验电压为额定电压×2+500V，且最低为1000V。

表1-9　异步电机定子绕组所需耐电压数值一览表

试验阶段	<1kW 闭口槽	1~3kW 半闭口槽	>3kW 半闭口槽	3~1000kW 开口槽
线圈绝缘后，嵌线前	—	—	—	$2.75U_N + 4500V$
嵌线后，接线前	$2U_N + 1000V$	$2U_N + 2000V$	$2U_N + 2500V$	$2.5U_N + 2500V$
接线后，浸漆前	$2U_N + 750V$	$2U_N + 1500V$	$2U_N + 2000V$	$2.25U_N + 2000V$
总装后	$2U_N + 500V$	$2U_N + 1000V$	$2U_N + 1000V$	$2U_N + 1000V$

（4）试验时间

1）试验时间为1min。这一时间是指自达到规定的试验电压数值到开始降低电压时为止

所用的时间，也就是说不包括升压和降压过程所用的时间。

用 1min 的方法进行试验时，应从低于试验电压全值的一半处开始，然后连续地或分段地升压（每段不超过全值的 5%），自半值升至全值的时间以 10 ~ 15s 为宜。试验应在全值电压下维持 1min。测试完毕后逐渐降至全值的一半以下后方可切断电源，并以绕组接地充分放电，放电后才能安全拆除电机引线。

2) 试验时间为 1s。这一时间是指从接通电源到断开电源的时间，在 1s 的时间内，试验电压自始至终都应该是规定的数值。

1s 的方法仅限于批量生产的额定功率不大于 200kW（或 kVA）且额定电压不大于 1kV 的电机，并且试验电压要高于 1min 方法规定的 20%。

（5）结果判定　原则上讲，试验时不发生击穿和闪络为合格。判定是否击穿的依据是相关安全标准中的规定。

1) 中小型电机。GB/T 14711—2013 规定：

a）对于交流额定电压不大于 1000V、直流额定电压不大于 1500V 的电机试验，所用高压变压器的过电流继电器的脱扣电流（即通过被试电机的高压电流，下同）应为 100mA。也就是说，当升压变压器高压侧试验电流大于 100mA 时，判定被试电机的绝缘不合格。

b）对于交流额定电压大于 1000V、直流额定电压大于 1500V 的电机，试验结果的判定应按相关产品标准的规定。

2) 小功率电机。GB/T 12350—2009 规定，试验过程中跳闸电流不应大于 10mA。

三、任务实施

（一）绕组耐交流电压试验

对给定的异步电动机进行绕组的耐交流电压试验时，具体的试验步骤如下：

（1）接线测试

1) 穿戴好劳动保护用品，清点器件、仪表、电工工具等，并摆放整齐。本任务试验所需的常用仪器、仪表和设备见附录 B。

2) 测定电机绕组的绝缘电阻是否合格，如果合格，则进行下一步操作。

3) 按图 1-30 接线，把绕组接头与设备接头连接好，并进行检查。

4) 接通设备电源，将交流工频电源输入操作箱，经过变压器调压，把产生的电压施加于被试绕组对机壳间及绕组相互之间。注意：施加的电压

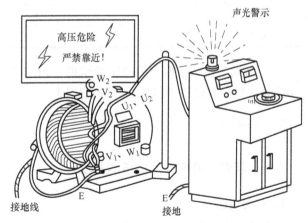

图 1-30　异步电动机耐交流电压试验接线图

应从不超过试验电压全值的一半开始，逐渐升高到试验电压的全值，试验电压自半值增加到全值的时间应不小于 10s，全值电压试验时间应持续 1min。在此过程中，要注意观察电机是

否异常，如有异常应马上停止试验。

5）在不同接线端时，分别测量其泄漏电流情况，并把测量结果填入表 1-10 中。

表 1-10　笼型异步电动机耐交流电压试验时的泄漏电流测试记录表

接线端	U 对 V	V 对 W	U 对 W	U 对地	V 对地	W 对地
泄漏电流/mA						

（2）数据分析　根据表中的试验结果，如果泄漏电流始终为 0，则说明该电机在这一电压等级下绝缘良好，可以判定为合格；否则应查找原因并进行分析。

（二）绕组匝间耐冲击电压试验

对给定的异步电动机进行绕组匝间耐冲击电压试验时，具体的试验步骤如下：

（1）接线测试

1）穿戴好劳动保护用品，清点器件、仪表、电工工具等，并摆放整齐。本任务试验所需的常用仪器、仪表和设备见附录 B。

2）测定电机绕组的绝缘电阻是否合格，如果合格，则进行下一步操作。

3）按图 1-31 接线，把绕组接头与设备接头连接好，并进行检查。

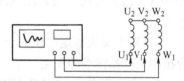

4）根据设备说明书，按要求把所需的电压加到绕组上，观察示波器上两条曲线是否完全重合，并把试验结果填入表 1-11 中。

图 1-31　异步电动机绕组匝间
耐冲击电压试验接线图

表 1-11　异步电动机绕组匝间耐冲击电压试验记录表

接线端	合格	不合格	备注
U 对 V			
V 对 W			
W 对 U			

（2）数据分析　根据表中的试验结果，判定对应的耐冲击电压试验是否合格。如果耐压不合格，则应对电机进行检查并分析原因。

四、任务拓展

（一）绕组对地耐冲击电压测试仪

1. 有关说明

电机在运行过程中可能受到雷电过电压（微秒级陡波）或操作过电压（数十至数百微秒级陡波）的冲击，即使仅遇到操作过电压时，也会造成电机工作不正常，严重时甚至会造成重大的事故。

通过对地耐冲击电压试验，可以模拟生产过程中雷电过电压对电机的影响，将隐患消除在电机出厂之前，并可通过示波器查看对地冲击电压波形，使判断更直观、结论更准确。对电机绕组进行对地耐冲击电压试验，也称为模拟雷电冲击试验。图 1-32 所示为某国产绕组对地耐冲击电压试验仪。

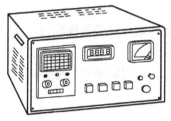

图 1-32　某国产绕组对地耐冲击电压试验仪

2. 使用方法

对于额定电压为 3kV 及以上的电机成型绕组，试验时随机抽取 2 个线圈嵌入槽内，在线圈引线与地之间施加 5 次冲击电压，每次间隔时间应不少于 1s；对于额定电压为 1140V 及以下的电机散嵌绕组或成型绕组，应在绕组引线端子与机壳之间施加冲击电压；对电机进行整装试验时，应在接线端子间、接线端子与机壳之间施加冲击电压。

所加的试验电压波形应为标准雷电冲击电压波形。试验电压峰值 U_s 应按式（1-20）计算，并按相关标准修约到千数位。

$$U_s = 4U + 5000\text{V} \tag{1-20}$$

式中，U_s 为电机对地绝缘冲击电压（峰值）（V）；U 为电机额定电压（有效值）（V）。

例如，当 $U = 380\text{V}$ 时，$U_s = 4 \times 380\text{V} + 5000\text{V} = 6520\text{V}$，按规定修约到千数位应为 7000V。

试验时，除非另有规定，冲击试验电压正、负极性应各施加 3 次，每次时间间隔应不少于 1s。若仪器所显示的试验电压明显下降，对使用示波器显示电压波形的，电压波形出现异常，则说明被试电机绕组和相关电路的对地绝缘有损伤而被击穿，被试电机应判定为不合格。

3. 注意事项

试验时，电机绕组及接线板等绝缘件对机壳应绝缘。

(二) 耐压试验总结

耐压试验必须在绝缘电阻测试合格后才能进行。耐压试验使用工频耐压仪，主要确定三相定子绕组相间绝缘及对地绝缘性能。耐压试验通常进行两次，即将 U、V 两相绕组接高压，W 相和机壳接地进行一次耐压试验；将 U、W 两相绕组接高压，V 相和机壳接地再进行一次试验，两次试验均未发生击穿便为合格。为了防止电机绕组在嵌线、接线及装配等工序后返工，每完成一道工序都要进行一次耐压试验。

在试验过程中，若未发生绝缘闪络、放电、击穿、过电流保护动作跳闸等现象，则认为定子绕组主绝缘正常。在耐压试验后，若测得的定子绕组绝缘电阻和吸收比与耐压试验前测得的值相比基本不变，则判定为正常，否则判定为绝缘有问题。另外，在试验过程中，如果发现电压表指针摆动过大，毫安表示值剧增，绝缘有烧焦、冒烟、放电等现象或被试电机有不正常的响声，应立刻停止试验，在查明原因并加以消除后方可继续进行试验。

五、任务思考

1）简述笼型异步电动机耐压试验的操作过程。

2）三种耐压有什么区别？

3）在电机制造过程中，何时需要进行耐压试验？

六、任务反馈

任务反馈主要包括试验报告和考核评定两部分，具体见附录。

任务三　空载特性试验

一、任务描述

三相异步电动机定子绕组接在对称的三相电源上，而转轴上不带机械负载时的运行，称为空载运行。给电动机定子绕组加额定电压和额定频率，让电动机空载运行的试验，称为空载试验。

电动机在制造出厂过程中，空载试验是必须做的试验。利用空载试验求得的相关损耗，是采用损耗分析法求取电动机效率的必需参数，也是分析和改进电动机性能的重要数据。

现有一台普通笼型异步电动机，型号为 Y2 - 100L1 - 4，试利用给定的试验台对此电动机进行空载特性试验，具体要求如下：

1）了解电动机空载试验的基本要求及安全操作规程。

2）掌握电动机空载试验常用仪表、仪器和设备的正确使用方法。

3）对给定的异步电动机进行空载试验，能正确接线和通电，初步检查电动机运转的灵活情况，观察电动机有无异常噪声和较强烈的振动，并测定电动机在空载时的电压 U_0、输入功率 P_0 和空载电流 I_0。

4）利用空载试验测得的试验数据，在坐标系上绘出对应的空载特性曲线。

5）利用空载试验测得的数据和绘制的曲线，求取电动机在额定电压时的铁心损耗和额定转速（严格地讲是空载转速）时的机械损耗，并判断电动机的铁心材料和设计参数是否合理。

6）根据异步电动机的等效电路理论，计算异步电动机等效电路中的励磁参数 Z_m、r_m 和 x_m。

二、任务资讯

（一）异步电动机的空载特性

异步电动机的空载试验是在转子轴上不带任何机械负载，而且转速 $n_0 = n_s$ 以及电源频率 $f = f_N$ 的情况下进行的。用调压器改变试验电压的大小，使定子端电压从 $(1.1 \sim 1.3)U_N$ 范围内的某个值逐步下降到 $0.3U_N$ 左右，每次记录电动机的端电压 U_0、空载电流 I_0 和空载输入功率 P_0，然后在同一直角坐标系上绘制如图 1-33 所示曲线，即可得到异步电动机的空载特性 $I_0 = f(U_0)$、$P_0 = f(U_0)$。

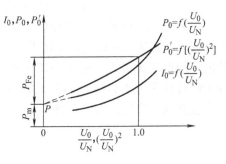

图 1-33　三相异步电动机的空载特性曲线

1）空载电流与空载电压 U_0 $\left(\text{或空载电压标幺值} \dfrac{U_0}{U_N}\right)$ 的关系曲线为 $I_0 = f(U_0)$ 或 $I_0 = f(U_0/U_N)$。

2）空载输入功率（空载损耗）与空载电压 U_0 $\left(\text{或空载电压标幺值} \dfrac{U_0}{U_N}\right)$ 的关系曲线为 $P_0 = f(U_0)$ 或 $P_0 = f(U_0/U_N)$；

3）铁心损耗及机械损耗之和 P_0' 与空载电压的二次方 U_0^2（或空载电压标幺值的二次方 $\left(\dfrac{U_0}{U_N}\right)^2$）的关系曲线为 $P_0' = f[(U_0)^2]$ 或 $P_0' = f[(U_0/U_N)^2]$。

绘制时可以直接使用空载电压，也可以使用空载电压的标幺值。建议使用标幺值，其优点是横坐标的标尺对各种电压等级的电动机都是相同的，并且额定电压时电压标幺值和电压标幺值的二次方都等于 1，这样数据处理更方便。绘制时，先选好坐标和适当的比例尺，将各坐标标在坐标系中，并用不同的符号加以区别，再用曲线板进行圆滑连接。在绘制过程中，如有明显偏离曲线的点，则首先检查该点数据的计算和原始数据是否有误，若找不出问题，应将其删除。当几个点在较小的范围内跳动时，绘制的曲线应取其平均走势。

（二）利用空载试验求取等效电路参数

由空载试验可以求得励磁参数 r_m 和 x_m，以及铁心损耗（铁耗）P_{Fe} 和机械损耗 P_m。空载时，电动机的输入功率全部消耗在定子铜耗、铁耗和转子的机械损耗上，所以从空载功率中减去定子铜耗，可得铁耗和机械损耗之和 P_0'，即 $P_0' = P_0 - 1.5I_{10}^2 R_0 = P_{Fe} + P_m$，其中 R_0 为定子绕组线电阻值，其具体求法见前一节所述，这里不再重复。

在空载试验中，认为机械损耗仅与转速有关，而与端电压无关，因此在转速变化不大时，可以认为机械损耗是常数。在低电压时，可近似认为铁耗与磁通密度的二次方成正比。机械损耗及铁耗之和 P_0' 与端电压标幺值二次方的关系式 $P_0' = f[(U_0/U_N)^2]$ 的曲线接近直线，如图 1-33 所示，把曲线延长至与纵坐标交于 P 点，由 P 点作平行于横坐标的直线，此直线以下就表示与端电压无关的机械损耗 P_m，直线以上的部分即为不同电压的铁耗 P_{Fe}（或者说 P 点的纵坐标即为该电动机的机械损耗 P_m）。

用 $(U_0/U_N)^2 = 1$（或 $U_0/U_N = 1$）时的 P_0' 减去 P_m，可求得该电动机在额定电压时的铁心损耗 P_{Fe}，即

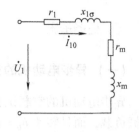

$$P_{Fe} = P_0' - P_m \tag{1-21}$$

（1）求励磁电抗　三相异步电动机在空载时，其转子的转速接近同步转速，所以转差率接近于 0，即 $s \approx 0$。此时负载等效电阻趋近于无穷大，可认为转子回路为开路状态。这样，等效电路可简化为图 1-34 所示的只有一个定子支路的电路。

图 1-34　三相异步电动机空载时的等效电路

根据这个简化的等效电路，定子的空载总电抗 x_0 为

$$x_0 = x_m + x_{1\sigma} \approx \frac{U_1}{I_{10}} \tag{1-22}$$

式中，$x_{1\sigma}$ 为定子漏电抗，可由堵转试验来求取，电压和电流均为相值。

于是，得到励磁电抗 x_m 为

$$x_m = \frac{U_1}{I_{10}} - x_{1\sigma} \tag{1-23}$$

（2）求励磁电阻　励磁电阻（铁耗等效电阻）r_m 为

$$r_m = \frac{P_{Fe}}{3I_{10}^2} \tag{1-24}$$

式中，P_{Fe} 为空载试验中得到的额定电压时的数值。

（3）求励磁阻抗　综合以上两步，即可得到三相异步电动机的励磁阻抗 Z_m 为

$$Z_m = r_m + jx_m \tag{1-25}$$

三、任务实施

对给定的异步电动机进行空载试验，具体试验步骤如下：

（1）接线测试

1）穿戴好劳动保护用品，清点器件、仪表、电工工具等并摆放整齐。本任务试验所需的常用仪器、仪表和设备见附录 B。

2）测量电动机三相绕组对地及相互间的绝缘电阻，如果符合要求，则进行下一步操作。

3）在实际冷态下，测取定子绕组的直流端电阻 R_{1C} 和环境温度 θ_{1C}，具体测量方法见前述章节。

4）拆除电动机联轴器，按图 1-35 接线。如果是绕线转子异步电动机，还需要将转子三相绕组在集电环（对于具有电刷装置的电动机）或输出线端（对于无电刷装置的电动机）短路。

5）电路检查无误后，合上电源开关 Q，接通电源，缓慢调节调压器 T，逐渐升高电压，起动电动机。同时观察电动机的旋转方向，当转向不符合要求，需要调整相序时，必须切断电源。

6）电动机起动后，保持电动机在额定电压和额定频率下空载运行数分钟，直到机械摩擦损耗达到稳定；如果本试验是在热试验或负载试验之后紧接着进行的，那么此步可以省略，不必进行运转到稳定的过程。

判定机械损耗稳定的标准：输入功率相隔 0.5h 的两个读数之差不大于前一个读数的

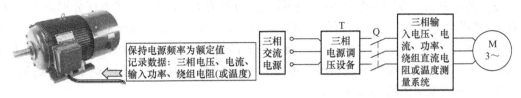

图 1-35　三相异步电动机空载试验接线图

3%。但在实际应用时，一般凭经验来确定：输入功率在 1kW 以下的电动机一般运转 15 ~ 30min，1 ~ 10kW 的电动机一般运行 30 ~ 60min，大于 10kW 的电动机应为 60 ~ 90min；极数较多的电动机或在环境温度较低的场地试验时，应适当延长运转时间。另外，建议在负载试验和热试验后，紧接着进行空载试验。

7）试验时，调节调压器输出电压从 $(1.1 ~ 1.3)U_N$ 开始，记录第 1 组数据，然后逐渐降低到可能达到的最低电压值，即电流最小或开始不稳定回升为止。在此范围内测取 7 ~ 9 点读数（建议读取更多点数，因为测取的电压点数越多，求取的铁耗和机械损耗的值会越准确），其中，在 60% ~ 130% 额定电压（应在额定电压时设置一点）之间，按均匀分布至少测取 5 个点；在约为 50% 额定电压和最低电压之间至少测取 4 个点。同时，为提高准确度，在额定电压附近和接近最后一点的一段内，测点应略密一些。每点应测取下列数值：电动机的空载电压（能确定三相平衡时，可只测一相）、空载电流和空载功率，并记录在表 1-12 中（注意：若最后一点的电流大于前一点的数据，则不要记录）。

另外，还应测取各试验点定子绕组的端电阻 R_0。其具体可行的测量方法见本节任务拓展环节，这里选择外推法，把各时间的电阻测量值填入表 1-13 中，并绘出电阻 R_0 与时间 t 的关系曲线，然后用外推法得出电阻 R_0。

上述试验过程可用下面的流程图表示：

$(1.1 ~ 1.3)U_N$ 开始 $\xrightarrow[\text{调节 } U_0，\text{不少于 9 点}]{\text{测取 } U_0、I_0、P_0、R_0（\text{或 } \theta_0）}$ → I_0 开始回升为止 $\xrightarrow{\text{断电}}$ 测取 R_0

表 1-12　笼型异步电动机空载试验原始数据记录表（室温＿＿＿℃）

测点序号	空载电压 U_0/V			空载电流 I_0/A			空载输入功率 P_{0W}/W		
	U_{ab}	U_{bc}	U_{ca}	I_a	I_b	I_c	W_1	W_2	P_{0W}
1									
2									
3									
4									
5									
6									
7									

表 1-13　笼型异步电动机断电停机后的热态直流电阻测量结果记录表

电阻记录（U - V）	测点序号	1	2	3	4	5	6
	距断电时间 t/s						
	电阻测量值 R_0/Ω						

（2）数据分析　设同一个测点的三相线电流分别为 I_a、I_b 和 I_c，线电压分别为 U_{ab}、U_{bc} 和 U_{ca}，采用"二表法"（见本节任务拓展部分）时，两功率表读数分别为 W_1 和 W_2，线电阻为 R_0（采用测量温度的方法时，应为换算得到的数值）。上述各量的计量单位分别为 A、V、W 和 Ω。注：后文除特别注明外，电流、电压、功率和损耗、电阻均采用上述基本单位，电流、电压及电阻均为线值。

根据表 1-12 中的试验数据，求取各点电流的平均值 I_0、三相电流的不平衡度 ΔI_0、电压的标幺值 U_0/U_N 及其二次方 $(U_0/U_N)^2$、仪表损耗 ΔP_b 和定子铜耗 P_{0Cu1}、仪表显示的输入功率 P_{0w}、实际输入功率 P_0、铁耗与机械损耗之和 P_0' 等，把得到的数据填入表 1-14 中。

1）求取各试验点三相线电压的平均值 U_0（V），并注意三相电压是否平衡，其计算公式为

$$U_0 = \frac{U_{ab} + U_{bc} + U_{ca}}{3} \tag{1-26}$$

2）用式(1-27)求取各试验点三相线电流的平均值 I_0（A），并计算额定电压时的三相不平衡度 ΔI_0

$$I_0 = \frac{I_a + I_b + I_c}{3} \tag{1-27}$$

此值如果大于 10%，则该电动机不合格。在判定时，应注意同时保证三相电压平衡。

3）求取各试验点电压的标幺值 U_0/U_N 及其二次方 $(U_0/U_N)^2$。

4）求取各试验点仪表显示的输入功率 P_{0w}。

$$P_{0w} = W_1 + W_2 \tag{1-28}$$

5）根据功率表的接线情况，求取各试验点的仪表损耗 ΔP_b。

使用指针式功率表时，若有必要，则应进行仪表损耗修正，具体见相关参考书。对于采用功率表后接的两功率表（规格型号相同）和一块电压表的接线方法，仪表损耗为两个功率表电压支路损耗和电压表损耗之和。设功率表电压回路的直流电阻为 R_{wv}（Ω），电压表的内阻为 R_{vv}（Ω），则各测试点仪表损耗 ΔP_b 的计算公式为

$$\Delta P_b = U_0^2 \left(\frac{1}{R_{vv}} + \frac{2}{R_{wv}} \right) \tag{1-29}$$

式中，U_0 为各测试点的电压（V）。

例如，使用一块电压表和两块单相功率表，采用电压表后接法测量电路，电压表的电阻 R_{vv} 为 75kΩ，功率表电压回路的直流电阻 R_{wv} 为 20kΩ，试验电压 U_0 为 420V，则有

$$\Delta P_b = U_0^2 \left(\frac{1}{R_{vv}} + \frac{2}{R_{wv}} \right) = 420^2 \times \left(\frac{1}{75000} + \frac{2}{20000} \right) \text{W} = 19.99\text{W} \approx 20\text{W}$$

6）计算各试验点的实际输入功率 P_0（仪表显示的 P_{0w} 与该点仪表损耗 ΔP_b 之差），即

$$P_0 = P_{0w} - \Delta P_b \tag{1-30}$$

7）利用得到的热态直流电阻 R_0 计算每点的空载定子铜耗 P_{0Cu1}，即

$$P_{0Cu1} = 1.5 I_0^2 R_0 \tag{1-31}$$

式中，R_0 为电动机试验后的绕组电阻（Ω）。

8）计算每点的空载损耗 P_0 与空载定子铜耗 P_{0Cu1} 之差 P_0'，P_0' 即为铁耗与机械损耗之和 $P_{Fe} + P_m$，即

$$P_0' = P_{Fe} + P_m = P_0 - P_{0Cu1} \tag{1-32}$$

表 1-14　笼型异步电动机空载试验后处理数据记录表

测点序号	U_0/V	U_0/U_N	$(U_0/U_\text{N})^2$	I_0/A	$P_{0\text{W}}/\text{W}$	$\Delta P_\text{b}/\text{W}$	P_0/W	$P_{0\text{Cu1}}/\text{W}$	P_0'/W
1									
2									
3									
4									
5									
6									

（3）绘制曲线　根据上述表格数据，在同一坐标系中绘制空载特性曲线 $I_0 = f(U_0/U_\text{N})$、$P_0 = f(U_0/U_\text{N})$ 和 $P_0' = f[(U_0/U_\text{N})^2]$。绘制时可以直接使用电压，也可以使用电压的标幺值，建议使用标幺值。

（4）求取额定电压时的空载数据　根据表格数据和绘制的空载特性曲线，求取额定电压时的空载数据，并把试验数据填入表 1-15 中。

1）将曲线 $P_0' = f[(U_0/U_\text{N})^2]$ 向下延长至与纵轴相交于 P_m 点，该点的纵坐标即为机械损耗 P_m。

2）在曲线 $P_0' = f[(U_0/U_\text{N})^2]$ 上查取 $U_0/U_\text{N} = 1$ 时的 P_0'，则额定电压时的铁心损耗 P_Fe 为

$$P_\text{Fe} = P_0' - P_\text{m} \tag{1-33}$$

3）在曲线 $I_0 = f(U_0/U_\text{N})$ 上查取 $U_0/U_\text{N} = 1$ 时的 I_0，则 I_0 即为额定电压时的空载电流。

4）在曲线 $P_0 = f(U_0/U_\text{N})$ 上查取 $U_0/U_\text{N} = 1$ 时的 P_0，则 P_0 即为额定电压时的空载损耗。

若由于时间不够或其他条件受到限制，未绘制曲线 $P_0 = f(U_0/U_\text{N})$ 或 $P_0 = f(U_0)$，也可以用前面求得的额定电压时的空载电流 I_0 以及铁心损耗 P_Fe 和机械损耗 P_m 根据式（1-34）求得空载损耗。

$$P_0 = P_0' + P_{0\text{Cu1}} = P_\text{Fe} + P_\text{m} + 1.5I_0^2R_0 \tag{1-34}$$

式中，R_0 为空载试验时测得的定子线电阻。

表 1-15　额定电压时的空载数据记录表

空载输入电流 I_0/A	空载输入功率 P_0/W	铁心损耗 P_Fe/W	机械损耗 P_m/W	定子铜耗 $P_{0\text{Cu1}}/\text{W}$

（5）求取异步电动机的等效电路参数　根据表 1-12～表 1-14 中的试验数据，求取异步电动机的等效电路参数。

四、任务拓展

（一）钳形表

1. 有关说明

钳形表即钳形电流表，是电工日常工作中最常用的测量仪表之一。和万用表一样，按测

量原理和显示数值的方式，钳形电流表可分为指针式和数字式两大类。随着科技的发展，这种仪表从最初只能测量电流发展到现在还能测量电压，逐渐成为像万用表那样功能多样的仪表，于是其名称中也逐渐去掉了"电流"二字。图1-36所示为几种常见的低压钳形表，其中最后两种是主要用来测量横截面面积较大导线（电流也较大）的特型表，另外还有专门测量泄漏电流的钳形表。图1-37所示为典型的数字式钳形表。

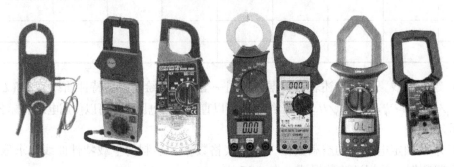

图1-36　常见低压钳形表实物图

2. 使用方法

钳形表是可在不断开电路的情况下，测量通电电路电流的一种仪表。测量时只要将被测导线夹于钳口中，待显示数据稳定后便可读数。钳形表特别适用于现场或修理行业对通电电路电流进行检测的场合。

测量时，按动扳机，钳口打开，将被测载流导线置于穿芯式电流互感器的中间，当被测载流导线中有交变电流流过时，交流电流的磁通在互感器二次绕组中感应出电流，使电流表的指针（指针式钳形表）发生偏转，在表盘上可以读出被测电流值，如图1-38所示。

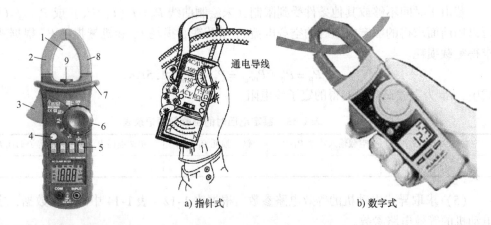

a) 指针式　　　　　　　　　　　　　　b) 数字式

图1-37　典型数字式钳形表实物图　　　　图1-38　钳形表的正确使用
1—钳口　2—动铁心　3—钳口扳机
4—电源开关　5—数据保持键
6—功能量程转换旋钮　7—绝缘挡圈
8—静铁心　9—照明灯

如果选用最低量程档位而指针偏转角度仍很小，或测量5A以下的小电流时，为提高测量精度，在条件允许的情况下，可通过增加一次电路的匝数来增大读数，即将被测导线在铁心上绕几匝后再进行测量，如图 1-39 所示。此时，实际电流应等于仪表读数除以放入钳口中的导线匝数 N（即导线中的电流值 I_1 = 电流表读数/N，匝数 N 按钳口内通过的导线匝数计算）。例如，图 1-39 所示实例中，电源线只穿过钳形表铁心一次时，仪表示值为 0.5A；导线通过铁心孔的次数 N = 5 时，示值则为 2.5A，即电路中的实际电流 I_1 = 2.5A/5 = 0.5A。

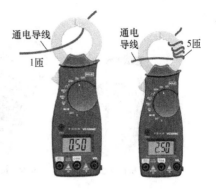

图 1-39　小电流的求法示例

3. 注意事项

为保证钳形表的安全和测量准确度，使用时应注意以下几点：

1）测量前，应检查仪表指针是否在零位，若不在零位，则应进行机械调零；同时检查钳口的开合情况，要求可动部分开合自如，钳口结合面接触紧密。

2）测量前应先估计测量值的大小，将量程旋钮置于合适的档位。若测量值暂不能确定，应将量程旋至最高档，然后根据测量值的大小变换至合适的量程。

3）不要在测量过程中切换量程。不可用钳形表测量高压电路，否则将引起触电而造成事故。

4）测量较高电压电路的电流时，必须严格按安全要求穿戴劳保用品（如绝缘鞋和绝缘手套等）。除非能绝对保证安全，否则绝对不允许测量裸导线中的电流。

5）测量电流时，应尽可能地将被测载流导线置于钳口的中心位置，以免产生误差。

6）为使读数准确，钳口的两个面应接触良好。若有噪声，可将钳口重新开合一次。

7）测量后一定要把量程旋钮置于最大量程档，以免下次使用时，由于未经量程选择而损坏仪表。

（二）转速表

1. 有关说明

测量电动机转速的仪表称为转速表。按在测量时是否与电动机旋转部分接触，转速表分为接触式和非接触式两种类型；按转速显示的方式不同，分为指针式和数字式两种；另外，还可分为机械离心式和电子反光式等类型。

图 1-40a 所示的机械离心式转速表虽然不及数字式转速表先进，但在需要观测并记录连续变化的过程及其中某一时刻的转速时，只能使用机械离心式转速表，除非将数字式转速表的信号通过专用装置传给示波器或微机系统。

2. 使用方法

对于转速在 1000r/min 及以下的电动机，建议选用读数误差不超过量程的 ±0.1% 的仪表；当电动机转速在 1000r/min 以上时，则建议选用读数误差不超过 ±1r/min 的仪表。

（1）非接触式转速表　图 1-40c 所示为数字光电式转速表，1-40d 所示为数字两用式转速表。一般在电动机的轴伸端或联轴器处测量转速，应事先在轴伸端或联轴器上贴一片专用的反光片（购买转速表时的附件）。测量前，需在光滑的轴伸端先包一层深颜色（最好为黑色）的胶布或用深色染料涂抹一段，再将反光片贴在胶布或涂色部位上。测量时，按下仪

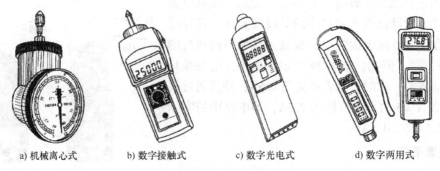

a) 机械离心式　　　　b) 数字接触式　　　　c) 数字光电式　　　　d) 数字两用式

图1-40　便携式转速表实物图

表的测量开关，使转速表射出的光线打在反光片上，并尽可能使两者相互垂直，待数据显示稳定后再读数，如图1-41a所示。

（2）接触式转速表　接触式转速表包括机械离心式转速表（图1-40a）和数字接触式转速表。使用接触式转速表时，应事先根据测量要求，通过旋转其前端的转筒设置转速范围，测取读数时，要根据该转速范围确定所使用的仪表表盘刻线。测量时，需要将转速表的橡皮头（附带的配件，有4种不同的形状，应根据需要进行选择）顶在轴伸端的轴中心孔中，靠摩擦力带动其转轴旋转，因此要保持轴线重合，用力要适当，以不产生相对滑动为宜，待显示数据稳定后再读数，如图1-41b所示。

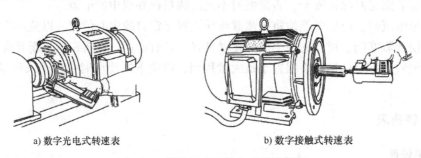

a) 数字光电式转速表　　　　　　　　　　b) 数字接触式转速表

图1-41　用转速表测量电动机的转速

（三）功率分析仪

1. 有关说明

测量电功率的仪表按发展历程来分，有指针式和数字式两大类；按测量的功率相数来分，有单相和三相两种。电机试验用的单相指针式电功率表又分为普通型（功率因数为1）和低功率因数型（功率因数较低，一般为0.1或0.2）两种，它们都是多量程的，改变量程的方法有旋钮、接线柱和连接片三种。图1-42所示为单相功率表外形示例，数字式功率表是通过 A/D 转换电路，把电压和电流信号的模拟量变为数字量，再通过显示器进行显示的仪表。

现行设计的试验系统中，一般采用集三相电压、电流、功率测量为一体的多功率电参数测量仪，简称功率分析仪（有的还包括频率、功率因数、谐波分析等项目的测量），如图1-43所示，只要将三相电压线和6根电流线相接即可（直接测量时，分别为三相的进出线；很多仪表内置 3 个量程为 40A 的电流互感器，通过 3 个电流互感器时，为 3 个电流互感器的 3 对二次输出线，即采用三相六线制接线方法）。

a) 指针式　　　　　　　　　　　　　b) 数字式

图 1-42　单相功率表外形示例

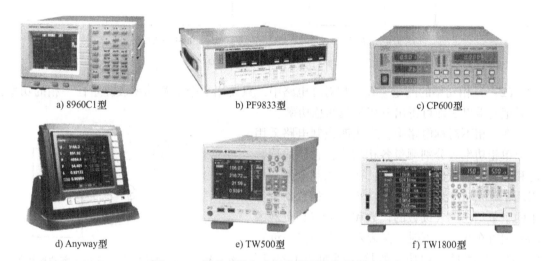

a) 8960C1型　　　　　b) PF9833型　　　　　c) CP600型

d) Anyway型　　　　　e) TW500型　　　　　f) TW1800型

图 1-43　复合型数字式电参数测量仪外形示例

图 1-44 所示为 8960C1 电动机专用测试仪接线端子图。这种仪表具有与微机连接的标准接口，可方便地将数据输送给微机进行记录和处理，并自动形成试验报告。

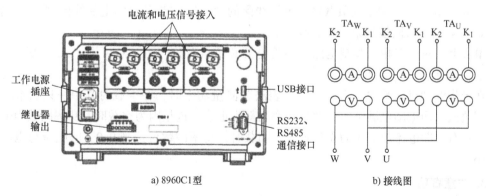

a) 8960C1型　　　　　　　　　　　　b) 接线图

图 1-44　8960C1 电动机专用测试仪接线端子图

2. 使用方法

（1）单相功率的测量　用单相功率表测量单相交流功率的接线方法如图 1-45 所示，其中图 1-45a 所示为电压前接法，图 1-45b 所示为电压后接法。在实际使用中，常使用图 1-45b 所示的接法，特别是对于大功率电机。

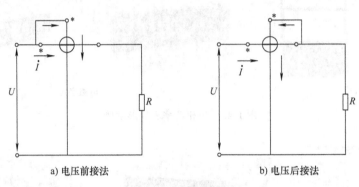

a) 电压前接法　　　　　　　b) 电压后接法

图 1-45　单相功率的测量

（2）三相功率的测量　在三相对称电路中，只要用一个单相功率表测量任一相的功率，然后把它乘以 3 即可得出三相负载的总功率。

在三相不对称电路中，三相四线制电路采用三个单相功率表分别测量各相功率，它们的读数之和就是三相负载的总功率；而三线制电路一般用两个单相功率表测量三相功率，三相总功率等于两个单相功率表读数的代数和（当三相负载的功率因数在 0.5 以下时，两表示值为一正一负）。"二表法"测量三相功率的接线图如图 1-46 所示，第一块功率表（P_I）的电流线圈（I_A）串

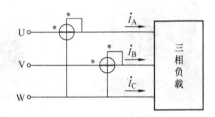

图 1-46　"二表法"测量三相功率的接线图

联接入 A 相电路，电压线圈（U_A）并联接入 U_{AC} 线电压；第二块功率表（P_{II}）的电流线圈（I_B）串联接入 B 相电路，电压线圈（U_B）并联接入 U_{BC} 线电压；两个电流线圈"＊"端接到电源侧，非"＊"端接到负载侧；电压线圈的"＊"端与各自的电流线圈"＊"端相连接，非"＊"端共同接到第三根相线上。

事实上，对于三相三线制电路，不管电源和负载对称与否，总可用"二表法"测量三相功率，总有 $P = P_I + P_{II}$。

在异步电动机试验中，用"二功率表法"测量功率时，在空载时其中一只功率表往往会出现负值，而电动机满载时，两只功率表都为正值。这是因为空载时其功率因数很低，约为 0.1 左右，即电流与电压的夹角较大；满载时，功率因数可达到 0.9，即电流与电压的夹角较小。

3. 注意事项

1）在直流电路里，电功率可由电压乘以电流求得，即 $P = UI$；在交流电路里，电功率 $P = UI\cos\varphi$，一般交流电路里 $\cos\varphi$ 是未知的，所以必须用功率表来测量。除非另有说明，所测的功率一律指有功功率。

2）"一表法"适用于三相对称负载电路，即三相平衡负载电路，三相总功率为功率表测量值的 3 倍；"二表法"适用于各种接法和负载的三相电路，三相总功率为两个功率表测量值的代数和的绝对值（当三相负载的功率因数在 0.5 以下时，两表示值为异号，即一正一负）；"三表法"适用于三相四线制供电、三相负载星形联结的电路，三相总功率为三个功率表测量值之和。

（四）热态电阻测量

试验断电瞬间各试验点定子绕组端电阻 R_0（Ω）的测量方法有以下三种：

1）若各试验点测出的是绕组温度 θ_0（℃）（取每一试验点所有温度测量点的最高一点的数值），则根据电阻与温度的关系确定各点的端电阻 R_0，即

$$R_0 = R_{1C} \frac{K_1 + \theta_0}{K_1 + \theta_{1C}} \tag{1-35}$$

式中，R_{1C} 为定子绕组初始（冷）端电阻（Ω），按本项目对应任务的规定获得；θ_{1C} 为测量 R_{1C} 时的定子绕组温度（℃），按本项目对应任务的规定获得。

2）若每个试验点在测量直流电阻时有困难，可在上述测量结束后，尽快使电动机断电停转，然后立即测出定子绕组的电阻 R_0。为了能够迅速测量，可事先在电桥与电动机之间接一个刀开关 S，电动机通电运行时将其断开，这样断电停机后可以迅速合上，如图 1-47 所示。

对于这里"立即"二字的理解，相关国家标准规定：如果断电后的第一测量点时间不大于 30s，如 15s，则该点的电阻值即可作为断电瞬间的热态电阻值。

3）如果断电停机后，直接测取此电阻仍然有困难，则可先记录断电停机后热态电阻 R_0（Ω）与时间 t（s）的关系，并绘制该关系曲线，如图 1-48 所示，并将曲线推至 $t = 0s$，获得断电瞬间的 R_0（Ω）。用此法得出的热态电阻更加符合实际。

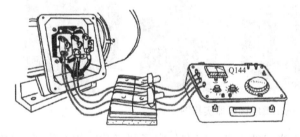

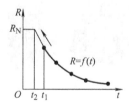

图 1-47　电动机断电停机后测量　　　　图 1-48　电动机断电停机后绕组电阻与
绕组热态电阻的开关接线图　　　　　　　　　时间的关系曲线

（五）交流电源

1. 电力变压器

电力变压器如图 1-49 所示。如果有条件，试验站应配备试验专用电力变压器，以最大限度地保障三相电压的平衡性和稳定性。

主要根据如下条件选择试验专用电力变压器：

1）电网提供的电压和频率，如 10kW、50Hz。

2）因试验所需电源电压范围较宽，必须通过调压设备（含传统的感应式或接触式电磁

调压器、发电机组和新型的变频调压装置等）供给试验所需的电压。所以对变压器来讲，其输出电压应符合这些调压设备的输入电压等级，如380V或400V。

3）试验电动机或试验用调压设备的最大输入功率和电流。在考虑既要满足要求，又要尽可能减少投资时，变压器的容量（当使用传统的调压设备时）应为调压设备容量的1.1倍左右；使用新型的变频内反馈调压电源系统时，变压器容量一般达到调压设备容量的1/2左右即可。

a) S9系列油浸式　　　　　　b) S11系列油浸式　　　　c) SC(B)系列树脂绝缘干式

图1-49　电力变压器实物图

2. 感应调压器

在电动机试验电源设备中，三相感应调压器是最常用也是必不可少的主要设备，如图1-50所示。在进行试验时，电动机的交流电源一般直接来自三相感应调压器的输出端，所以它的性能好坏将直接影响被试电动机试验数据的准确性和精度。

图1-50　三相感应调压器实物图

三相感应调压器主要由嵌有三相对称绕组的定子、嵌有与定子同极数三相对称绕组的转子、控制转子转动的调压机构、冷却系统和外壳五部分组成。从定子、转子的结构来看，与绕线转子电动机基本相同，不同之处在于其转子不能随意转动，而是受安装于转子轴上的扇形齿轮和由一台伺服电动机控制的蜗杆调压装置控制，在180°范围内正反向转动；另外，它的三相定子绕组和三相转子绕组各对应相之间是用导线连接起来的。

3. 自耦调压器

自耦调压器一般用于小容量用电场合，主要用于10kW以下交流电动机的可调压电源和供整流用的可调压电源。自耦调压器有单相和三相之分，三相自耦调压器实际上是三个相同的单相调压器通过一根贯穿的转子轴形成的组合体。另外，调压操作一般通过手动进行，有些则通过附加的伺服电动机实现电动或自动控制，如图1-51所示。

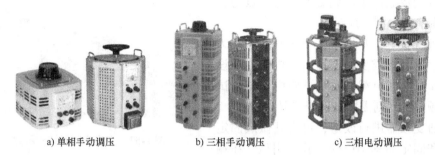

a) 单相手动调压　　　b) 三相手动调压　　　c) 三相电动调压

图 1-51　接触式自耦调压器实物图

　　自耦调压器的一、二次绕组实际上是一套绕组,采用滑块(电刷)在绕组上滑动来改变二次绕组匝数,从而达到调节输出电压的目的。

　　我国使用的接触式自耦调压器输入电压,单相一般为 220V、50Hz,有些产品为 110V;三相为 380V、50Hz,但也可用于 60Hz 电源,只是有些参数要发生变化。

4. 交流变频发电机组

　　交流变频发电机组可用于不同频率电动机的试验电源,但其主要用途是在对拖法(或称为回馈法)做温升和负载试验时作为负载电机(习惯上称为陪试电机)的电源。

　　传统的交流变频发电机组由 4 台电机组成,习惯上称为"四机组"。它由一台交流同步电动机(或交流异步电动机)拖动一台直流发电机,再由一台直流电动机拖动一台可调压的他励交流同步发电机组成,两台直流电机通过电路连接,直流电机都采用他励。其实物和电路原理如图 1-52 所示。

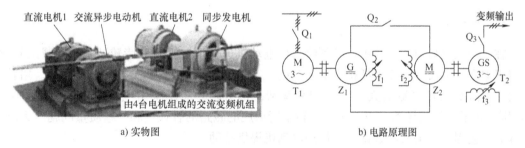

a) 实物图　　　　　　　　　　　　b) 电路原理图

图 1-52　交流变频发电机组

5. 交流变频电源

　　普通的变频器是一种由电子元件组成的,能将固定频率的交流电转变成在一定范围内可调频率的交流电的静止变频电源设备,其输出频率范围一般在输入频率的 4 倍以内。由于它具有使用方便、占地少、噪声小等优点,现已被广泛应用于交流异步电动机的调速系统中。其不足之处是输出电压波形不是正弦波(称为脉宽调制波,简称 SPWM 波或 PWM 波),因此,对测量有一定的特殊要求;另外,较多的高次谐波会对被试电机试验数据的准确度产生一定的影响。

　　交流变频器的种类很多,使用性能也各不相同,图 1-53 所示为两种交流变频器外形示例和一台变频电源控制柜示例。若用于变频调速电动机试验,应尽可能使用将来与被试电动机配套的品种,并且额定容量最好在被试电动机额定容量的 1～2 倍之间,若容量过大,则很可能对试验数据产生不利影响。这一点与普通交流电源有所不同，应予以注意。

在电机试验中，变频器可用作额定频率为非电网频率电动机或变频调速电动机的电源设备。若用作对拖法负载或发热试验中交流陪试电机的变频电源，则需增设逆变装置。

对普通变频器进行改造，可将其做成固定电压调频和固定频率调压的试验专用型。在输

图 1-53　交流变频器结构示意图

出端设置专用的滤波器，可得到满足电压谐波因数要求的正弦波变频变压试验专用变频器。这些设备近几年来得到了广泛应用，在很大程度上取代了变频机组和调压电源设备。

五、任务思考

1）简述笼型异步电动机的空载试验过程。

2）如何判定异步电动机空载运行时的机械损耗是否稳定？

3）如何求取电机空载试验后的热态直流电阻 R_0？

六、任务反馈

任务反馈主要包括试验报告和考核评定两部分，具体见附录。

任务四　堵转特性试验

一、任务描述

在异步电动机出厂试验中，必须给每台电动机进行空载试验和堵转试验。空载试验时，可以根据空载电流和空载损耗检查定子绕组、磁路、气隙、装配等方面的质量问题。堵转试验时，通过对堵转电流的大小和三相平衡情况的分析，能反映出电动机定子、转子绕组（特别是转子铸铝或导条）以及定子、转子所组成的磁路的合理性和一些质量问题。为改进设计和工艺提供有关实测数据，为修理电动机提供帮助。

型式试验时进行堵转试验的目的主要在于测取额定电压及额定频率时电动机的堵转定子电流和堵转转矩，这是考核笼型转子异步电动机性能指标时的两个主要项目。

现有一台普通笼型异步电动机，型号为 Y2 - 100L1 - 4，试利用给定的试验台对此电动机进行堵转试验，具体要求如下：

1）了解电动机堵转试验的基本要求及安全操作规程。

2）掌握电动机堵转试验常用仪表、仪器和设备的正确使用方法。

3）对给定的异步电动机进行堵转试验，能正确接线和通电，并测定电动机在堵转时的电压 U_K、堵转损耗 P_K 和堵转电流 I_K。

4）利用堵转试验测得的试验数据，在坐标系上绘出对应的堵转特性曲线。

5）根据异步电动机的等效电路理论，计算异步电动机等效电路中的堵转参数 Z_K、r_K 和 x_K。

二、任务资讯

（一）异步电动机的堵转转矩

1. 堵转转矩的表示

电动机性能数据中的堵转电流及堵转转矩是指堵转电压为额定电压时的电流及转矩，分别用 I_{KN} 和 T_{KN} 表示（或用 I_{st} 和 T_{st} 表示），此时的输入功率用 P_{KN} 表示。它们的计量单位分别为 A、N·m 和 W（或 kW）。

在电动机的技术条件中，一般以标幺值（通常称为"倍数"）的形式给出堵转电流和堵转转矩的考核标准，所以应将这两个结果转换成标幺值。转换时，堵转电流的基值用额定电流值，即铭牌标定电流值 I_N；堵转转矩的基值用额定转矩值 T_N，即用铭牌标定的额定功率和额定转速计算求得的值，见式(1-36)，而不应采用试验得出的满载电流和满载转矩。

$$T_N = 9.55 \frac{P_N}{n_N} \tag{1-36}$$

式中，P_N 为被试电动机的额定功率（W）；n_N 为被试电动机的额定转速（r/min）。

电动机的最大转矩与额定转矩之比为最大转矩倍数，称为过载能力，它是异步电动机的重要指标之一，用 K_m 表示，其计算公式见式(1-37)。一般普通异步电动机的 $K_m = 1.8 \sim 2.5$，有特殊要求时可达 $K_m = 2.8 \sim 3.0$。

$$K_m = \frac{T_m}{T_N} \tag{1-37}$$

同理，电动机的堵转转矩（或称为起动转矩）与额定转矩之比为起动转矩倍数，用 K_{st} 表示，见式(1-38)，一般普通异步电动机的 $K_{st} = 1.0 \sim 2.2$。

$$K_{st} = \frac{T_{st}}{T_N} \tag{1-38}$$

2. 堵转转矩的计算

根据所采用的试验方法，各点堵转转矩的求取方法有如下两种：

（1）测力计法　用测力计进行堵转试验时，各测试点堵转转矩 T_K 的计算公式为

$$T_K = (F_s - F_0)L\cos\alpha \tag{1-39}$$

式中，T_K 为测试点的堵转转矩（N·m）；F_s 为测量时测力计的读数（N）；F_0 为电动机不通电时测力计指示的数值（N），称为"初重"；L 为力臂长度（m）；α 为测量时力臂与水平方向的夹角（°）。

在一般情况下，力臂与水平方向的夹角非常小，可取 $\alpha = 0°$，即 $\cos\alpha = 1$。此时，式(1-40)可以简化为

$$T_K = (F_s - F_0)L \tag{1-40}$$

（2）电阻法　因转矩测试设备不足而使用每点测定电子绕组电阻的方法进行试验时，每点的堵转转矩由式(1-41)求得，即

$$T_K = 9.55 \frac{P_K - P_{KCu1} - P_{Ks}}{n_s} \tag{1-41}$$

式中，T_K 为测试点的堵转转矩（N·m）；P_K 为测试点的电动机输入功率（W）；P_{KCu1} 为

测试点的电动机定子铜耗（W）；P_{Ks} 为堵转时的杂散损耗（包括铁耗）（W），对于中小型低压电动机，取 $P_{Ks} = 0.05 P_K$，对于大中型高压电动机，取 $P_{Ks} = 0.1 P_K$；n_s 为电动机同步转速（r/min）。

另外，根据求得的定子电阻 P_{K1}，对于中小型低压电动机，式(1-41) 可直接写为

$$T_K = 9.55 \frac{0.95 P_K - 1.5 I_K^2 P_{K1}}{n_s} \tag{1-42}$$

式中，I_K 为测试点的三相堵转线电流平均值（A）；R_{K1} 为测试点的定子线电阻（Ω）。

（二）异步电动机的堵转特性

1. 最高电压等于或接近额定电压时

做异步电动机的堵转试验时，如果最高电压能够达到或接近电动机的额定电压，则调节试验电压，使 $U_K \approx U_N$，然后逐步减小电压，每次记录端电压 U_K、定子电流 I_K 和功率 P_K，并计算出 T_K，在同一直角坐标系中画出 $I_K = f(U_K)$、$T_K = f(U_K)$ 和 $P_K = f(U_K)$ 三条堵转特性曲线，如图 1-54 所示。根据图中曲线，查出 $U_K = U_N$ 时的堵转电流

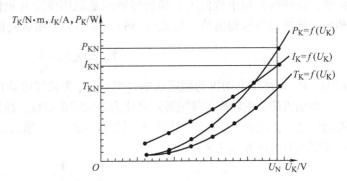

图 1-54　异步电动机堵转特性曲线

I_{KN}、堵转转矩 T_{KN} 和输入功率 P_{KN}。如果 U_K 的最大值小于 U_N，则应适当地顺势延长曲线到 $U_K = U_N$，再求取 $U_K = U_N$ 时各项的数值。

2. 最高电压小于额定电压的 90% 时

如果第一点电压小于额定电压的 90%，则实测异步电动机的堵转转矩试验时，应绘制堵转电流与电压的对数曲线 $\lg I_K = f(\lg U_K)$。手工绘制时，可直接使用对数坐标纸，如图 1-55a 所示；若没有对数坐标纸，则应先计算各点的 $\lg I_K$ 和 $\lg U_K$，再在普通坐标纸上画曲线，如图 1-55b 所示。这里将电压与电流的试验值取对数的目的是将两者之间的非线性关系（转矩与电压的二次方或其他次方成正比的关系）转化为线性关系，以利于通过向上延长两者的关系曲线来求取额定电压时的堵转电流和堵转转矩。

将曲线 $\lg I_K = f(\lg U_K)$（实际为一条直线）从最大电流点向上延长，从延长曲线上查取对应于额定电压的堵转电流 I_{KN}。此时，堵转转矩按式(1-43) 计算，即

$$T_{KN} = T_K \left(\frac{I_{KN}}{I_K} \right)^2 \tag{1-43}$$

式中，I_K 为堵转试验时的最大堵转电流（A）；T_K 为最大堵转电流时测得的或计算得到的堵转转矩（N·m）。

3. (0.9 ~ 1.1) 倍额定电压范围内测取一点数值时

对于 750W 及以下的异步电动机，若试验只在 (0.9 ~ 1.1) 倍额定电压范围内测取了一

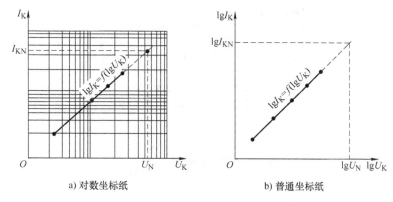

a) 对数坐标纸   b) 普通坐标纸

图 1-55 异步电动机堵转特性曲线的绘制

点数值，则堵转电流和堵转转矩可以按式(1-44) 和式(1-45) 计算，即

$$I_{KN} = I_K \frac{U_N}{U_K} \tag{1-44}$$

$$T_{KN} = T_K \left(\frac{U_N}{U_K}\right)^2 \tag{1-45}$$

式中，I_K 为试验电压为 U_K 时的堵转电流 (A)；T_K 为试验电压为 U_K 时的堵转转矩 (N·m)。

(三) 利用堵转试验求取短路参数

异步电动机从堵转 (短路) 试验可以求出等效电路中的 Z_K、R_2' 和 $X_{1\sigma}$、$X_{2\sigma}'$。

根据堵转特性曲线，可查得对应于 $I_K = I_N$ 的 U_K、P_K，求出堵转阻抗 Z_K、电阻 R_K 和电抗 X_K，计算公式 (式中各参数均为相值，而非线值) 如下

$$R_K = \frac{P_K}{3I_K^2} \tag{1-46}$$

$$Z_K = \frac{U_N}{I_K} \tag{1-47}$$

$$X_K = \sqrt{Z_K^2 - R_K^2} \tag{1-48}$$

此时，由于定子电压较低，磁通较小，所以铁耗可以忽略，即 $R_m = 0$，且短路时等效电路中的附加电阻 $R_2'(1-s)/s = 0$，可以看出

$$R_K + jX_K = R_1 + jX_{1\sigma} + \frac{jX_m(R_2' + jX_{2\sigma}')}{R_2' + j(X_m + jX_{2\sigma}')} \tag{1-49}$$

式中，R_2' 是折合到定子侧的转子每相电阻。

由式(1-49) 解出 R_K 和 X_K，得

$$\begin{cases} R_K = R_1 + R_2' \dfrac{X_m^2}{R_2'^2 + (X_m + X_{2\sigma}')^2} \\[3mm] X_K = X_{1\sigma} + X_m \dfrac{R_2'^2 + X_{2\sigma}'^2 + X_{2\sigma}' X_m}{R_2'^2 + (X_m + X_{2\sigma}')^2} \end{cases} \tag{1-50}$$

进一步假设 $X_{1\sigma} = X_{2\sigma}'$，并利用 $X_0 = X_{1\sigma} + X_m = X_{2\sigma}' + X_m$，式(1-50) 又可写为

$$\begin{cases} R_K = R_1 + R_2' \dfrac{(X_0 - X_{1\sigma})^2}{R_2'^2 + X_0^2} \\[3mm] X_K = X_{1\sigma} + (X_0 - X_{1\sigma}) \dfrac{R_2'^2 + X_{1\sigma} X_0}{R_2'^2 + X_0^2} \end{cases} \tag{1-51}$$

$$\frac{X_0 - X_K}{X_0} = \frac{(X_0 - X_{1\sigma})^2}{R_2'^2 + X_0^2} \tag{1-52}$$

可解得

$$R_2' = (R_K - R_1) \frac{X_0}{X_0 - X_K} \tag{1-53}$$

还可证明

$$X_{1\sigma} = X_{2\sigma}' = \frac{X_{1\sigma}}{1 + \sqrt{\dfrac{X_0 - X_{Ki}}{X_0}}} \tag{1-54}$$

式中，$X_{Ki} = X_K - R_2'^2 \dfrac{X_0 - X_K}{X_0^2}$。

对于大中型异步电动机，由于 $X_m \gg X_K$，等效电路中的励磁支路的阻抗可近似认为无穷大，堵转时的等效电路可简化为图 1-56 所示电路，这样可用下列简化公式来确定 R_2'、$X_{1\sigma}$ 和 $X_{2\sigma}'$。

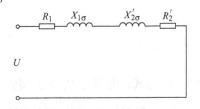

图 1-56　异步电动机堵转时的等效电路

$$R_2' \approx R_K - R_1 \tag{1-55}$$

$$X_{1\sigma} \approx X_{2\sigma}' \approx \frac{X_K}{2} \tag{1-56}$$

对于大中型异步电动机，用以上简化公式求得的参数作出等效电路与实际情况相差不大。

在正常工作情况下，定子、转子漏电抗处于不饱和状态，为一常数。但当电动机堵转时（即起动情况），定子电流比额定电流大（5~7）倍，漏磁路饱和，漏电抗比正常工作时小 15%~30%，所以电动机从起动到正常工作状态漏磁路饱和情况不同，漏电抗不是一个常数。为了计算准确，堵转时应分别测取 $I_K = I_N$、$I_K = (2~3)I_N$ 和 $U_K = U_N$ 时的堵转数据，以便计算工作特性时用 $I_K = I_N$ 求得不饱和漏电抗。计算起动特性时，用 $U_K = U_N$ 求得饱和漏电抗。计算最大转矩时，采用 $I_K = (2~3)I_N$ 时的漏电抗值。因为最大转矩时 $s = s_m$，定子电流 $I_1 = 2I_N$。等效电路没有考虑各种饱和情况引起的电抗变化，计算时要注意修正。

三、任务实施

对于给定的异步电动机，采用堵转电压大于 90% 额定电压时的堵转转矩，用测力计加力臂实测的方法进行堵转试验时，具体操作步骤如下：

（1）接线测试

1）穿戴好劳动保护用品，清点器件、仪表、电工工具等并摆放整齐。本任务试验所需的常用仪器、仪表和设备见附录 B。

2）测量异步电动机三相绕组对地及相互间的绝缘电阻，如果符合要求，则进行下一步操作。

3）在实际冷态下，测取定子绕组的直流端电阻 R_{1C} 和环境温度 θ_{1C}，具体测量方法见前文。

4）将电动机转子用器械堵住卡稳，使其不能转动，堵住转子的方法很多，这里选择带测力计的堵转装置，如图 1-57 所示。

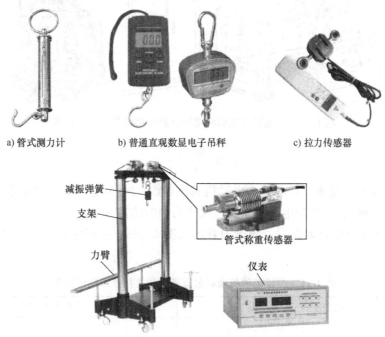

a) 管式测力计 b) 普通直观数显电子吊秤 c) 拉力传感器

d) 由管式称重传感器组成的专用堵转转矩测量装置

图 1-57 用于测量堵转转矩的测力装置

5）按图 1-58 和图 1-59 接线，电动机应固定安装在试验台上，力臂与电动机转轴应安装牢固。当采用测力计测取堵转转矩时，力臂和测力计连接的那一端应略高于和电动机轴伸的连接端，高出的距离以该电动机的堵转转矩达到试验最大值时，力臂处于水平位置为准，其目的是消除或减小试验加力时因力臂与测力计不垂直而带来的计算误差。另外，力臂的机械强度必须保证符合被测电动机最大转矩的要求，否则有可能出现安全事故。

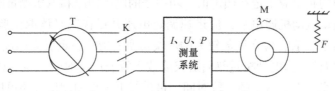

图 1-58 三相异步电动机堵转试验电路示意图

6）电路检查无误后，合上电源开关 Q，接通电源，加低电压，看其转向是否符合测力计的要求，不符合要求时应进行调整。如图 1-59 所示，从轴伸端看应为沿顺时针方向转动。

7）转向符合要求后，将弹簧秤挂在一个支架上，下端与力臂连接，并根据估算被试电动机的最大堵转转矩选择弹簧秤量程（N）和力臂长度（m）。

弹簧秤的量程可按式(1-57)进行估算（若忽略初重 F_0，则堵转转矩约为额定转矩的 3 倍）

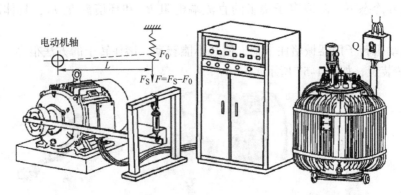

图 1-59　三相异步电动机堵转试验所用设备接线示意图

$$F_J \geq \frac{10pP_N}{L} + F_0 \qquad (1-57)$$

式中，F_J 为弹簧秤的量程（N）；p 为电动机的极对数；P_N 为电动机的额定功率（kW）；F_0 为弹簧秤的"初重"，初重为电动机未通电时测力计的读数（N）。

量程符合要求且检查无误后，测量力臂的长度 L（m）和初重 F_0（N），将结果记录在表 1-16 中。

表 1-16　异步电动机堵转装置装好后的初步数据记录表

力臂长度 L/m	初重 F_0/N

8）准备工作全部完成后，合上电源开关 Q，接通电源，迅速调节调压器 T，使电压尽可能升高到不低于 $0.9U_N$，从此时开始，逐步降低电压，直至定子电流接近 I_N 为止，期间共测取 5~7 点读数，每点应同时测取三相堵转线电流 I_K（A）、三相堵转线电压 U_K（V）、三相输入功率 P_K（W）和堵转转矩 T_K（N·m）或力 F（N），并将其填入表 1-17 中。最后一点测试结束后，立即断电并尽快测得定子绕组的一个线电阻 R_K；对于绕线转子电动机，还应测出转子绕组的一个线电阻（此电阻的测量同空载试验，这里不再重复，后同）。

试验时，电源的频率应稳定在额定值。功率表的电压回路和电压测量电路应接至被试电动机的出线端。被试电动机通电后，应迅速调定电压并尽快同时读取试验数据（对于采用指针式"二功率表法"者，应在读数较大的那块功率表指针稳定后立即读数），每点通电时间应不超过 10s，以防止因电动机过热而造成读数下滑或严重时烧损电动机绕组。若温度上升过快，可在测试完一点之后停顿一段时间，再进行下一点的测试。还可以利用外部吹风等方法来降温。

采用各种测力计加力臂测取堵转转矩时，在电压较高的前两点，应注意防止在电动机通电瞬间对测力计的较大冲击，可采用机械缓冲法（使用柔性材料连接测力计和力臂杠杆等）和低压通电后再迅速将电压升至需要值的方法。

对能快速测量和记录的自动测量系统，也可从低电压（$I_K \approx I_N$）开始，分段或连续地将电压调到接近或达到额定值；另外，建议全过程试验时间不超过 20s。

上述试验过程可用下面的流程图表示：

$U_{\mathrm{K}} \geqslant 0.9 U_{\mathrm{N}}$ 开始 $\dfrac{\text{测量}\ I_{\mathrm{K}}、U_{\mathrm{K}}、P_{\mathrm{K}}、T_{\mathrm{K}}\ (\text{或}\ F)}{\text{保持频率为额定值，测}\ 5\sim 7\ \text{点}} \to$ 到 $I_{\mathrm{K}} = I_{\mathrm{N}}$ 为止 $\overset{\text{断电}}{\longrightarrow}$ 测量 R_{K}

表 1-17　异步电动机堵转试验原始数据记录表（室温_____℃）

测点序号	堵转电压 $U_{\mathrm{K}}/\mathrm{V}$			堵转电流 $I_{\mathrm{K}}/\mathrm{A}$			堵转输入功率 $P_{\mathrm{K}}/\mathrm{W}$			力 F/N
	U_{ab}	U_{bc}	U_{ca}	I_{a}	I_{b}	I_{c}	W_1	W_2	P_{K}	
1										
2										
3										
4										
5										
6										
7										

（2）数据分析　设同一个测量点的三相线电流分别为 I_{a}、I_{b} 和 I_{c}，线电压分别为 U_{ab}、U_{bc} 和 U_{ca}，采用"二表法"时，两功率表读数分别为 W_1 和 W_2，线电阻为 R_{K}（若采用测量温度的方法，则应为换算得到的数值）。上述各量的计量单位分别为 A、V、W 和 Ω。

根据表 1-17 中的数据，计算各测试点的电压平均值 U_{K}（V）、电流平均值 I_{K}（A）、输入功率 P_{K}（W）和转矩 T_{K}（N·m），并把相关数据记录在表 1-18 中。

1）按式（1-58）求取各测量点三相线电压的平均值 U_{K}，并注意三相电压是否平衡。

$$U_{\mathrm{K}} = \frac{U_{\mathrm{ab}} + U_{\mathrm{bc}} + U_{\mathrm{ca}}}{3} \tag{1-58}$$

2）按式（1-59）求取各测量点三相线电流的平均值 I_{K}，并计算额定电压时的三相不平衡度 ΔI_0。此值如果大于 5%，则该电动机不合格。在判定时，应同时注意保证三相电压平衡。

$$I_{\mathrm{K}} = \frac{I_{\mathrm{a}} + I_{\mathrm{b}} + I_{\mathrm{c}}}{3} \tag{1-59}$$

3）按式（1-60）计算各测量点的三相输入功率 P_{K}（W）。

$$P_{\mathrm{K}} = P_{\mathrm{a}} + P_{\mathrm{c}} \tag{1-60}$$

4）利用测力计法求取各测量点的堵转转矩 T_{K}（N·m）。

$$T_{\mathrm{K}} = (F - F_0)L \tag{1-61}$$

表 1-18　异步电动机堵转试验数据分析记录表

测点序号	堵转电压 $U_{\mathrm{K}}/\mathrm{V}$	堵转电流 $I_{\mathrm{K}}/\mathrm{A}$	堵转输入功率 $P_{\mathrm{K}}/\mathrm{W}$	堵转转矩 $T_{\mathrm{K}}/\mathrm{N \cdot m}$
1				
2				
3				
4				
5				
6				
7				

（3）绘制曲线　根据表 1-18 中的堵转试验数据，在同一坐标系中绘制电动机对应的特性曲线 $I_K = f(U_K)$、$P_K = f(U_K)$ 和 $T_K = f(U_K)$。在绘制过程中，如有明显偏离曲线的点，应首先检查该点数据的计算和原始数据是否有误，若找不出问题，则应将其删除。当几个点在较小的范围内跳动时，绘制的曲线应取其平均走势。

（4）求取额定电压时的堵转数据　根据堵转特性曲线（或其向上的延长线），查取 $U_K = U_N$ 时的堵转电流 I_{KN}、输入功率 P_{KN} 和转矩 T_{KN}，并将其填入表 1-19 中。如果采用圆图计算法求取最大转矩，则还要从曲线上查取 $I_K = 2.5I_N$ 时的堵转电压 U_K 和输入功率 P_K，并将其填入表 1-20 中。

表 1-19　笼型异步电动机额定电压时的堵转数据

堵转电流 I_{KN}/A	堵转输入功率 P_{KN}/W	堵转转矩 T_{KN}/N·m

表 1-20　笼型异步电动机 2.5 倍额定电流时的堵转数据

堵转电流 I_K/A	堵转电压 U_K/V	堵转输入功率 P_K/W	堵转转矩 T_K/N·m

（5）求取异步电动机的等效电路参数　根据表 1-16 ~ 表 1-18 中的堵转试验数据，计算异步电动机等效电路中的电路参数。

四、任务拓展

试验时，应将电动机转子用器械堵住卡稳，使其不能转动。堵住转子的方法很多，对于几十千瓦以下容量较小的电动机，可采用图 1-60a、b 所示的自制夹具或卡具堵住转子轴伸，金属卡具的内套应采用铜或尼龙等材料，以避免损伤电动机的轴伸表面和键槽；对于容量较大的电动机，可采用图 1-60c 所示的方法将转子支承住，所用木板应选用较硬的木材。注意：在安放卡具或支承木板之前，应事先给该电动机通电，观察其转动方向，以便正确选择放置卡具或支承木板的位置（几千瓦以下的电动机可不必进行此项）；通电后，要关注所用工具的强度是否有问题，发现有危险时应尽快断电；用木板支承时，所有人员都应远离支承位置。

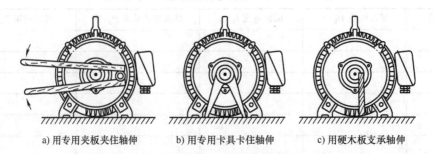

　　　a) 用专用夹板夹住轴伸　　　　　b) 用专用卡具卡住轴伸　　　　　c) 用硬木板支承轴伸

图 1-60　异步电动机的堵转措施

五、任务思考

1）简述笼型异步电动机堵转试验的过程。

2）如何堵住转子不动？

3）设备能力有限时，如何粗测堵转数据？

4）对于有特殊要求的电动机，如何测量堵转数据？

六、任务反馈

任务反馈主要包括试验报告和考核评定两部分，具体见附录。

任务五 温升特性试验

一、任务描述

异步电动机的温升特性试验是为了确定其在额定负载条件下运行时，定子绕组的工作温度和电动机某些部分温度高于冷却介质温度的温升。

通过温升特性试验，可测量电动机各部分的实时温度，了解电动机运行时各部分的发热情况，确定电动机的温度分布特性，核对测得的数据是否符合制造厂的技术条件或有关国家标准，为电动机的安全可靠运行提供依据。

因此，电动机的温升特性试验是准确地测取某个部件的温度，找出规律，为评价和改进电动机结构设计和冷却系统提供依据，为提高电动机的质量和使用寿命提供保障。另外，温升值还是计算电动机定子、转子绕组热损耗（简称铜耗）和求取效率的必备参数。所以温升是考核电动机质量的一个非常重要的性能指标。

现有一台普通笼型异步电动机，型号为 Y2-100L1-4，试利用给定的试验台对此电动机进行温升特性试验，具体要求如下：

1）了解电动机温升特性试验的基本要求及安全操作规程。

2）掌握电动机温升特性试验常用仪表、仪器和设备的正确使用方法。

3）对给定的异步电动机进行温升特性试验，能正确接线和通电，测定异步电动机绕组、轴承等部件在规定工作条件下（含电源电压、频率、转速、输出功率、工作方式和工作环境等）运行并达到温升稳定时的温度或温升值。

4）利用温升特性试验测得的试验数据，在坐标系上绘出对应的温升特性曲线。

5）根据绘出的温升特性曲线，理解电动机温升与电动机性能之间的关系，并判定给定电动机性能的好坏。

二、任务资讯

（一）异步电动机的测温方式

1. 从测取温升的方法来分

在电动机试验中，对电动机绕组和其他各部分（如转子、铁心、外壳、轴承等）及试验环境的温度进行测量时，需要的仪器有膨胀式温度计、半导体点温计、以热电偶和热电阻为传感元件的温度计以及红外线测温仪等。从测取温升的方法来分，可归纳为电阻法、温度计法、红外测温法、埋置检温计法四种基本方法。另外，有些数字万用表和数字钳形表也具有测温功能。电动机不同，电动机的部件不同，温升的测量方法也不同，并且各种测量方法所测温度与实际最高温度之间都有一定差值。在电动机试验中，所用温度测量仪器的准确度以其误差来确定，一般应不超过 ±1℃。

一般情况下，交流异步电动机上需测量温度的部件有绕组、集电环、轴承、铁心等。对于某些特殊用途的笼型异步电动机，如增安型和隔爆型电动机，在新产品鉴定试验时，还要测量其笼型转子的温度。它们所用的测温方法见表1-21。

表1-21 笼型异步电动机测温方法的选择

电动机部件		测温方法			
		电阻法	温度计法	埋置检温计法	红外测温法
绕组	$5000\text{kW} > P_N > 200\text{kW}$	√		√	
	$P_N \leqslant 200\text{kW}$	√		√	
	$P_N \leqslant 0.6\text{kW}$ 的非常规绕组		√		
	单层绕组	√			
其他部件	轴承		√	√	
	铁心		√	√	√
	外壳		√	√	√
	笼型转子			√	√

（1）电阻法　在一定的温度范围内，电动机绕组的电阻值将随着温度的上升而相应增加，而且其阻值与温度之间存在一定的函数关系。根据这一原理，可以通过测定电动机绕组的电阻来确定其温度，故称电阻法。可见，电阻法是一种间接测温法。该方法特别适用于温度计不能直接触及测量的发热元件的温度测量。利用这一原理，只要分别测出电动机某相绕组的冷态和热态电阻，就可算出电动机平均温升。

如未特别指明，导体的电阻变化是指其热态时阻值与冷态时阻值的差值，而热态时的阻值是在电动机温升稳定并断电停转后测得的。

当绕组温度在 $-50 \sim 150℃$ 范围内时，阻值与温度之间的关系为

$$\frac{R_2}{R_1} = \frac{K + t_2}{K + t_1} \tag{1-62}$$

在电动机未接电源之前，测量绕组的冷态直流电阻 R_1，并记录当时的室温 t_1；当电动机运行一段时间后，再测量绕组的热态直流电阻 R_2，可求得

$$\frac{R_2 - R_1}{R_1} = \frac{K + t_2 - (K + t_1)}{K + t_1} = \frac{t_2 - t_1}{K + t_1} \tag{1-63}$$

$$t_2 = \frac{R_2 - R_1}{R_1}(K + t_1) + t_1 \tag{1-64}$$

于是，可以求出绕组的温升值，即

$$\Delta\theta = t_2 - t_0 = \frac{R_2 - R_1}{R_1}(K + t_1) + t_1 - t_0 \qquad (1\text{-}65)$$

式中，t_1 为电动机绕组的冷态温度（℃）；t_2 为电动机绕组的热态温度（℃）；t_0 为试验结束时冷态介质的温度（℃），用周边空气作为冷却介质的，为环境温度；R_1 为电动机绕组在 t_1 时的冷态直流电阻（Ω）；R_2 为电动机绕组在 t_2 时的热态直流电阻（Ω）；K 为常数，对于铜绕组为 235，对于铝绕组为 225。

例如，某电动机进行热试验时，测得绕组的冷态直流电阻 $R_1 = 1.25\Omega$，冷态温度 $t_1 = 25℃$，热态直流电阻 $R_2 = 1.45\Omega$，试验结束时冷态介质温度 $t_0 = 27℃$，该电动机为铜绕组，即 $K = 235$，则由式（1-65）计算得出的电动机绕组温升为

$$\Delta\theta = t_2 - t_0 = \frac{R_2 - R_1}{R_1}(K + t_1) + t_1 - t_0$$

$$= \left[\frac{1.45 - 1.25}{1.25} \times (235 + 25) + 25 - 27\right]\text{K}$$

$$= 39.6\text{K}$$

最终结果修正到个位，即该电动机在热试验时的绕组温升为 40K。

用电阻法测量时，其测量结果反映的是整个绕组温度的平均值。

测量绕组热态直流电阻的方法有两种：一种是断电停机测量；另一种是带电测量。带电测量比不带电测量要准确，能测得绕组的实际温度，但是其操作相对复杂得多。

如果不能采用带电测量装置，可采用较先进的快捷、准确、数字显示的各种毫欧表或微欧计等直流电阻测量仪。其基本工作原理是采用高准确度、高稳定度的恒流电源所产生的直流电流通过被测电阻，则电阻两端的电压降将严格按照阻值变化。

（2）温度计法　对于电动机中不能采用电阻法测量的部位，如定子铁心、轴承及冷却介质等，可用温度计直接测量电动机的温升，这就是温度计法。温度计法是将温度计的测温元件直接贴附在被测元件上获得其温度的直接测温法，所得数值是测量点的表面局部温度值。所用温度计有水银或酒精等膨胀式温度计、半导体点温计、非埋置式热电偶或热电阻温度计等。

图 1-61 所示为几种常用点温计，它是由一个半导体 PN 结制成的感温元件和相关的数字处理系统组成的一种测温仪器，其中的感温元件是由装在笔形保护套内的微型珠状热敏电阻构成的测试笔。半导体点温计有指针式和数字式两大类，目前数字式半导体点温计已经得到普及。这种点温计主要用于测量过热、空间狭窄等发热部位的温度，但是其反应速度较慢，因此不适合测量温度变化较快的部件。

图 1-61　常用点温计实物图

用点温计测量轴承温度时，应尽可能地接近轴承外圈部位，如图 1-62 所示。

为了减小误差，从被测点到温度计的热传导应尽可能良好，将温度计球面部分用绝热材料覆盖，以免周围冷却介质的影响。例如，用酒精温度计测量电动机温升的方法，是将酒精温度计的球体用锡纸包缠后插入电动机吊环孔内，使温度计球体与孔内四周紧贴，然后用棉花将孔封严。"埋"温度计的材料可选用油腻子、中心钻孔的软木塞等。这样可以长期放置，随时可以读取电动机的铁心温度，这样得到的数值最接近电动机内部的温度值。如有条件，可用一段与吊环螺孔配套的螺栓，中心钻一个可以插入温度计的孔，将其旋入吊环孔内。

图 1-62　用半导体点温计测量
轴承温度示意图

在电动机试验中，若使用水银温度计测量温度，则应使感温泡紧贴被测点，并用绝热材料覆盖好感温泡，以免受环境气流的影响。由于其外壳用玻璃制成，所以要轻拿轻放，不用时应装在专用的容器内；安装在一个地方使用时，应注意防止其受到碰撞，不可在强烈振动的场合使用。另外，当用于在电动机内部或外部具有一定交变磁场的位置时，不应使用水银温度计。因为其中的水银为导电金属，在交变磁场中会因电磁感应作用而在其感温泡内产生感应电流（涡流），所产生的热量将使其温度示值略高于被测部位的实际温度值，从而影响测量结果的准确性。

（3）红外测温法　红外测温法较适用于电动机表面（如电动机外壳）和可外露（包括通过开启护盖外露）电动机内部元件（如集电环、换向器等）温度的测量。所用设备称为红外线测温仪，其品种很多。

图 1-63 所示为红外测温仪实物示例。使用时要注意掌握红外测温仪与被测部位之间的距离，一般距离越远准确度越差。应使被测量部位的平面与仪器发出的光线尽可能垂直，这样测量的结果更准确。

普通红外线测温仪的准确度较低，只能用于用上述方法无法测量和对试验结果要求不太高的场合，如集电环、光线可射入的铸铝转子绕组等在运转时的温度。

使用红外线测温仪测量轴承的温度时，应尽可能做到被测量表面与仪器射出的光线相互垂直，并尽可能接近被测量部位，如图 1-64 所示。

图 1-63　红外线测温仪实物图

图1-64　用红外线测温仪测量轴承温度示意图

（4）埋置检温计法　埋置检温计法是将电阻检温计、热电偶或半导体热敏元件等温度传感元件埋置于电动机内部不能触及的部位，如定子绕组的槽部和铁心内等，经连接导线引到电动机外的二次仪表上，从而测定温度值。测量时应控制测量电流的大小和通电时间，以免因测量电流引起的发热而带来误差。埋置部位和个数根据具体要求而定。每个检测元件应与被检测点表面紧密相贴，以有效防止测温元件受到冷却介质的影响。

用埋置检温计法测量时，所测温度为测点的局部温度，其测量结果反映的是测温元件接触处的温度。一般检温计应埋置于预计的最热处，测量电动机绕组温度时，其数量应不少于6个。此方法也可用于监视局部温升状况。因此，大型电动机常采用此方法来监视其运行温度。

单回路测温系统如图1-65所示。用于电动机的型式试验时，应采用多回路数字测温系统，如图1-66所示。其中图1-66a所示为其外形，图1-66b所示为其背后的接线端子及其功能标志，图1-66c、d所示为配用的热电阻。

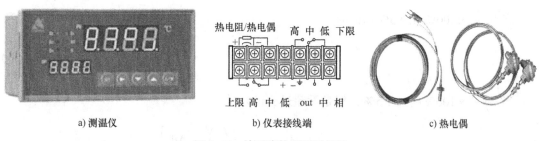

a) 测温仪　　　　　　　b) 仪表接线端　　　　　　c) 热电偶

图1-65　单回路数字测温系统

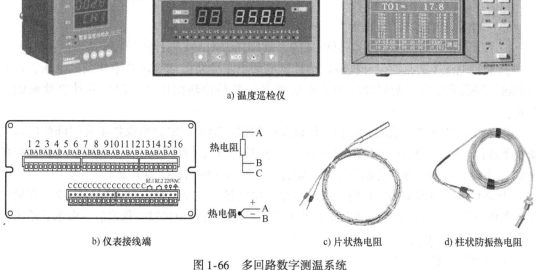

a) 温度巡检仪

b) 仪表接线端　　　　　　c) 片状热电阻　　　　　d) 柱状防振热电阻

图1-66　多回路数字测温系统

2. 从负载的加载方式来分

对异步电动机进行温升测量，从负载的加载方式来分，有直接负载法和间接负载法。应尽可能创造条件采用直接负载法，但是当被试电动机因自身结构或试验设备及电源能力不足而无法采用直接负载法时，可以考虑使用间接负载法。间接负载法也称为等效负载法，试验时不是加实际负载，而是通过其他方式使电动机达到稳定的温升，或用一些简单可行的试验和计算求得温升值。间接负载法主要包括降低电压负载法、降低电流负载法和定子叠频法等。

（1）直接负载法　用直接负载法进行温升试验时，应保持在额定频率、额定电压、额定功率或额定电流下进行。试验时，被试电动机应保持额定负载，直到电动机各部分温升达到热稳定状态为止。具体的加载方式和调节方式见后续相关章节。

当电动机所加负载为实际额定负载时，如无特殊要求，测取并计算所得的温升值，即为被试电动机的满载温升。

当电动机不能确定为实际的额定负载，而是以铭牌电流作为所加负载时，如无特殊要求，应在负载试验最后求得真正的满载电流 I_L 后，对计算求得的温升值进行修正，换算求得被试电动机的满载温升 $\Delta\theta_N$。试验电流 I_t 取结束前几个点的平均值。具体修正方法规定如下：

当 $\dfrac{I_t - I_L}{I_L} \times 100\%$ 在 ±5% 以内时

$$\Delta\theta_N = \Delta\theta_t \left(\frac{I_N}{I_t}\right)^2 \tag{1-66}$$

当 $\dfrac{I_t - I_L}{I_L} \times 100\%$ 超过 ±5%，但是没超过 ±10% 时

$$\Delta\theta_N = \Delta\theta_t \left(\frac{I_N}{I_t}\right)^2 \left[1 + \frac{\Delta\theta_t \left(\frac{I_N}{I_t}\right)^2 - \Delta\theta_t}{K + \Delta\theta_t + \theta_2} \right] \tag{1-67}$$

当 $\dfrac{I_t - I_L}{I_L} \times 100\%$ 超过 ±10% 时，则为不符合要求，应调整试验电流重新试验。

（2）间接负载法

1）降低电压负载法。采用降低电压的等效负载法时，应进行如下试验和步骤：

① 额定电压下的空载温升试验。给被试电动机定子绕组加额定频率和额定电压，让其空载运行到温升稳定，测取此时的输入功率 P_1，然后停转测出热态阻值并计算此时的温升 θ_{0N}。

② 额定电流下的带载温升试验。该试验在被试电动机额定频率保持不变但降低电压的条件下进行。例如，电压为额定电压的一半，然后调节负载使被试电动机的定子电流保持额定值 I_N 不变，直到电动机的温升达到稳定为止，测取此时的稳定温升 θ_u。

③ 降低电压情况下的空载温升试验。该试验在被试电动机额定频率保持不变但降低电压的条件下进行，降低的电压要与上一步的数值相同，待电动机温升稳定后，测取其输入功率 $P_{0.5}$ 和稳定温升 θ_{0u}。

④ 推算得到额定温升：

$$\theta_N = \alpha\theta_{0N} + \theta_u = \frac{P_1 - P_{0.5}}{P_1}\theta_{0N} + \theta_u \tag{1-68}$$

或者

$$\theta_N = \theta_u + \theta_{0N} - \theta_{0u} \tag{1-69}$$

式中，α 为运算系数；P_1 为在额定电压下进行空载热试验时的输入功率（W），取试验最后

一点的数值；$P_{0.5}$ 为在 50% 额定电压下进行空载热试验时的输入功率（W），在空载温升试验中取得；θ_{0N} 为在额定电压下进行空载温升试验时的稳定温升（K）；θ_u 为在额定电流条件下进行带载温升试验时的稳定温升（K）；θ_{0u} 为在降低电压条件下进行空载温升试验时的稳定温升（K）。

2）降低电流负载法。对于 100kW 及以上或 $I_N \geqslant 800A$ 的连续定额电动机，采用降低电流的等效负载法时，应进行如下试验和步骤：

① 额定电压下的空载温升试验。给被试电动机定子绕组加额定频率和额定电压，让其空载运行到温升稳定，记录并计算三相空载电流的平均值 I_0，然后停转测出热态阻值并计算此时的温升 $\Delta\theta_0$。

② 额定电流下的带载温升试验。该试验在被试电动机额定频率保持不变但降低电压的条件下进行。例如，电压为额定电压的一半，然后调节负载使被试电动机的定子电流达到可能的最大电流（最低为额定电流的 70%），直到电动机的温升达到稳定为止，记录和计算三相定子电流的平均值 I_F 和此时的稳定温升 $\Delta\theta_F$。

③ 降低电压情况下的空载温升试验。该试验在被试电动机额定频率保持不变但降低电压的条件下进行，降低的电压要与上一步的数值相同，待电动机温升稳定后，测取定子三相绕组的空载电流平均值 I_{0F} 和稳定温升 $\Delta\theta_{0F}$。

④ 求取额定电流时的绕组温升：

a）在以定子电流标幺值的二次方 $(I/I_N)^2$ 为横坐标、以温升 $\Delta\theta_0$ 为纵坐标的坐标系中，确定上述试验中得到的 $A[(I_0/I_N)^2,\ \Delta\theta_0]$、$B[(I_F/I_N)^2,\ \Delta\theta_F]$、$C[(I_{0F}/I_N)^2,\ \Delta\theta_{0F}]$ 三点，如图 1-67 所示。

b）在坐标图中连接 B 和 C 两点，通过 A 点作一条平行于直线 BC 的直线 AD。

c）直线 AD 上横坐标对应于 $(I/I_N)^2 = 1$ 的点 E 所对应的纵坐标值即为额定电流 I_N 下的温升 $\Delta\theta_N$。

3）定子叠频法。用定子叠频法进行温升试验时，被试电动机不需要与其他机械负载连接，因而该法特别适用于 300kW 以上的单台电动机或者较难实现对拖试验的立式电动机。

① 用专用变压器的传统方法。这种传统方法的试验电路如图 1-68 所示。其中，主电源和辅助电源均为同步发电机，并要求辅助电源发电机的额定电流不小于被试电动机的额定电流，电压等级应与被试电动机相同。

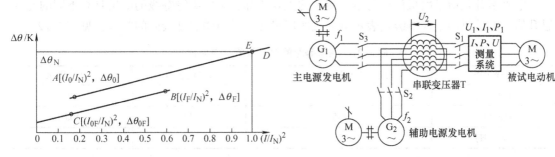

图 1-67　降低电流负载法测量异步电动机的温升　　　　图 1-68　定子叠频法的试验电路

试验前，应先用相序测量仪测定主、辅电源的相序，在保证相序相同的情况下按图接线。试验时，首先用主电源起动被试电动机，使其在额定电压和额定频率条件下空载运行。随后起动辅助电源机组，将其转速调节到对应于某一频率 f_2 的数值（对于额定频率为 50Hz 的被试电动机，频率 f_2 应在 38～42Hz 范围内选择）。然后将辅助电源发电机投入励磁，调节励磁电流，使被试电动机的定子电流达到满载电流。在调节过程中，要随时调节主电源电压，使被试电动机的端电压保持为额定值，并同时保持辅助电源机组的转速不变（即 f_2 不变）。当调节过程中发现仪表指示摆动较大或被试电动机和试验电源设备振动较大时，应先降低辅助电源的励磁，使辅助电源电压降低，然后调整辅助电源机组的转速，得到另一个频率 f_2 后，再重新调整辅助电源的励磁电流，使被试电动机的定子电流达到额定值。

一切正常后，连续运行，使被试电动机达到温升稳定状态，并测取有关温升值。

② 用专用变频器的新方法。这种相对较新的方法是采用静止的变频电源，将两种不同频率的电源电压串联是在控制电路中由软件完成的。此时，给被试电动机的两种电压和频率在控制电路中可分别调节，也可实现由负载电流闭环控制，变频电源输出的频率即为拍频频率 f。具体的试验电路请查阅相关的资料。

和传统的专用变压器方法相比，新的方法具有投资少、占地面积小、噪声小、操作方便、试验准确度高等多种明显优势，并可与直接负载法的交流变频变压电源共用。这种方法通过一定的程序设定后，就可以轻松地完成温升试验，所以一经推出，就得到了广泛的关注并迅速推广。到目前为止，经过多次使用实践，证明这种新方法完全可以代替传统的叠频试验方案。

（二）异步电机的温升特性

电机学理论中，用温升来衡量电机的发热程度。温升是由电机发热引起的，它是电动机绕组等部件的稳定运行温度高于电机冷却介质温度的数值，单位用"开尔文"，符号为 K。

电机在运行过程中产生的各种损耗（铜耗、铁耗、机械损耗和杂散损耗等），都会使其温度升高。电机部件的温度升高时，热量便开始从高温部分向低温部分转移，热流所及部分的温度也随之升高，但是其升高有一定的限制。也就是说，电机各个部分因其结构材料的不同而有一个最高工作温度的限制，这就是电机的极限温升。当温升突然增大或超过最高工作温度时，说明电机已发生故障，或风道阻塞或负荷太重。当温升过高时，甚至会导致绝缘材料失效，电机很快烧坏。

电机温升是衡量电机设计与运行质量的重要指标，不同绝缘等级的电机具有不同的允许温升值。电动机的绝缘等级是表示电动机所用绝缘材料耐受温度极限的等级，见表 1-22。

表 1-22　绝缘等级的温升限值（电阻法）

绝缘等级	绝缘结构许用温度/℃	环境温度/℃	温升限值/K
130（B）	130	40	80
155（F）	155	40	105
180（H）	180	40	125

电机在不超过极限温升的范围内工作时，其内部绝缘材料的性能才不会发生显著变化。如果超过此温度，则绝缘材料的性能会迅速变坏或快速老化。另一方面，电机也会散热。当

发热量与散热量相等时即达到平衡状态，温度不再上升而稳定在一个水平上。当发热量增加或散热量减少时就会破坏平衡，使温度继续上升，扩大温差，则增加散热，在另一个较高的温度下达到新的平衡。但这时的温差即温升已比以前增大了。图1-69a 所示为电机在额定工况下的温升曲线；图1-69b 所示为电机在过载工况下的温升曲线，显然，此时电机的温升一直在上升中，此时的温升已导致电机的绝缘受到不同程度的破坏。

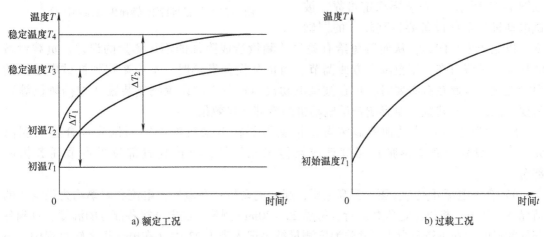

a) 额定工况　　　　　　　　　　　　　b) 过载工况

图1-69　笼型异步电动机在不同工况下的温升曲线

对于 S1 工作制的电机，温升稳定的定义是：连续 1h 内，温度的变化（上升或下降）不超过 2K。这里的 2K 是国家标准中的规定，在实际使用中，很多电机厂为了使试验值更准确些，都控制在 1K 范围内。在具体测量时，根据实际经验，当每隔规定的时间测量的温度变化很小时，即可认为电机的温升已经达到稳定。如图 1-70 所示，图中 θ_R 为绕组温度，θ_{R1} 和 θ_{R2} 分别为绕组试验开始前和热稳定后的温度，$\Delta\theta$ 为温度变化量。

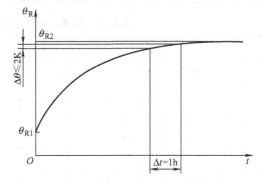

图1-70　S1 工作制的电机温度与时间的关系曲线

三、任务实施

对于给定的异步电动机，采用直接负载法和电阻法进行温升试验时，具体试验步骤如下：

（1）接线测试

1）穿戴好劳动保护用品，清点器件、仪表、电工工具等并摆放整齐。本任务试验所需的常用仪器、仪表和设备见附录 B。

2）测量电动机三相绕组对地及相互间的绝缘电阻，如果符合要求，则进行下一步操作。

3）在实际冷态下，测取定子绕组的直流端电阻 R_{1C} 和环境温度 θ_{1C}，具体测量方法见前文。

4）选用适当的负载设备与被试电动机进行机械连接，需要测量输出转矩时，同时包括转矩—转速传感器（如果被试电动机需要紧接着本试验进行 A 法或 B 法效率试验，则必须包括该设备，如图 1-71 所示）。安装要稳定可靠，被试电动机与负载设备要达到较高的同轴

a) 直流电机做负载　　　b) 磁粉制动器做负载

图 1-71　负载与转矩-转速传感器的连接

度，以免产生径向力，从而避免给有关量的测量造成附加的不可测量的误差。负载设备的接受容量应可在一定范围内方便调节。当负载设备发热时，不应影响到被试电动机的温度变化，因此在有必要时，可在被试电动机与负载之间设置隔热装置（如挡风板等），但要注意，这些装置不要影响被试电动机的冷却通风效果。

5）放置温度计或其他测温装置。根据需要在电动机的不同部位放置合适的测温元件，一般采用酒精膨胀式温度计或热传感元件等，具体放置部位见本节任务拓展部分。

6）合上电源开关 Q，逐渐升高电压，起动电动机；在电压、电流和频率均为额定值的情况下，让电动机以额定负载运行，每隔 20～30min 测量一次电动机各部分的温度，直到各部件的温度达到热稳态为止，并将温度测量结果记入表 1-23 中（在电动机运转过程中，还要同时观察电动机电流和电压等的突变情况，并及时采取断电措施）。

表 1-23　笼型异步电动机温升试验原始数据记录表

	测温顺序（次）		1	2	3	4	5	6	7
	记录时间/(h:min)								
数据记录	输出功率/kW								
	输出转矩/N·m								
	输出转速/(r/min)								
	定子电流 I_1/A	I_a							
		I_b							
		I_c							
	输入功率/kW								
	铁心温度/℃								
	机壳表面温度/℃								
	进风温度/℃								
	出风温度/℃								
	前轴承温度/℃								
	后轴承温度/℃								
	环境温度1/℃								
	环境温度2/℃								
	环境温度3/℃								

在实际操作中，为了减少试验时间，在进行异步电动机的温升试验时，刚开始的 0.5h 内，将电流提高到额定值的 1.2 倍左右，同时将风扇罩的进风孔用纸板堵住。当温度达到预计的数值时开始降低到额定输出功率，并保持稳定运行。

7）待电动机温升稳定后，断电停机，迅速测量三相定子绕组的热态直流电阻 R_1 和试验结束时冷却介质的温度。为了提高准确度，可以每隔一段时间多测几次，然后用外推法求取 R_1，测量结果见表 1-24。

表 1-24 笼型异步电动机断电停机后热态直流电阻测量结果记录表

电阻记录（U-V）	冷态	冷态温度 θ_{1C}/℃						
		冷态电阻 R_{1C}/Ω						
	热态	测点序号	1	2	3	4	5	6
		距断电时间 t/s						
		电阻测量值 R_1/Ω						

（2）数据分析　设同一个测量点的三相线电流分别为 I_a、I_b 和 I_c，线电压分别为 U_{ab}、U_{bc} 和 U_{ca}，采用"二表法"时，两功率表读数分别为 W_1 和 W_2，线电阻为 R_0（若采用测量温度的方法，则应为换算得到的数值）。上述各量的计量单位分别为 A、V、W 和 Ω。

根据表 1-23 和表 1-24 中的试验数据，求取温升稳定时定子电流的平均值 $I_{1\theta}$ 和各部件的温度，并填入表 1-25 中。

1）按式(1-70) 求取各测量点三相线电压的平均值 U_1（V），并注意三相电压是否平衡。

$$U_1 = \frac{U_{ab} + U_{bc} + U_{ca}}{3} \tag{1-70}$$

2）按式(1-71) 求取各测量点三相线电流的平均值 $I_{1\theta}$（A）

$$I_{1\theta} = \frac{I_a + I_b + I_c}{3} \tag{1-71}$$

3）按式(1-72) 求取电动机温升稳定时的热态环境温度 $\theta_{1\theta}$

$$\theta_{1\theta} = (\theta_{11} + \theta_{12} + \theta_{13} + \theta_{21} + \theta_{22} + \theta_{23} + \theta_{31} + \theta_{32} + \theta_{33})/9 \tag{1-72}$$

4）求取电动机温升稳定时各部件的温度。

表 1-25 笼型异步电动机温度稳定后的数据记录表

热稳态时的数据汇总	定子电流 $I_{1\theta}$/A	
	热态环境温度 $\theta_{1\theta}$/℃	
	铁心温度/℃	
	机壳表面温度/℃	
	轴承温度（前/后）/℃	
	风口温度（进/出）/℃	

（3）绘制曲线　根据温度记录表，以绕组为例，绘制笼型异步电动机的温升曲线。

（4）求取电动机绕组的稳定温升

1）根据热态直流电阻记录表，在直角坐标系（或对数坐标系）中绘制热态直流电阻 R_1 与时间 t 的冷却关系曲线，并用外推法求出电动机的热态直流电阻 R_1。

2）利用上步求出的热态直流电阻 R_1，根据式（1-73）求取电动机的温升 $\Delta\theta$：

$$\Delta\theta = \frac{R_1 - R_{1C}}{R_{1C}}(K_1 + \theta_{1C}) + \theta_{1C} - \theta_{1\theta} \tag{1-73}$$

四、任务拓展

根据需要在电动机的不同部位放置合适的测温元件，一般采用酒精膨胀式温度计或热传感元件等，放置部位主要包括铁心、机壳表面、进出风口、定子绕组和转子绕组等，如图 1-72 所示。

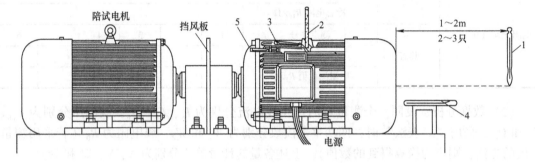

图 1-72　异步电动机温升试验中测温部位的确定

1—测量环境温度　2—测量铁心温度　3—测量机壳温度　4—测量进风温度　5—测量出风温度

（1）测量环境温度的温度计　测量环境温度的温度计应设置 2~3 只，分散地放置在距电动机 1~2m 的地方，取所有温度计示值的平均值作为测量结果。

（2）测量铁心温度的温度计　放置该温度计的目的，一是测取电动机铁心的温度（或温升），二是通过其示值的变化情况来判定该被试电动机温升是否达到了稳定状态。将温度计的球部插入电动机的吊环孔内，用油腻子（用机油和石棉粉做成面团状，可反复使用）或海绵等进行固定。若被试电动机无吊环，对于开启式电动机，应尽可能贴于铁心表面；对于封闭式电动机，则贴于机壳表面。

（3）测量机壳表面温度的温度计　将温度计的球部贴于机壳表面，放置点应尽可能避开电动机的风路，可用石棉油腻子或胶布等加以固定。

（4）测量电动机进、出风温度的温度计　设置测量电动机进、出风温度的温度计的目的是取得电动机进、出风温度的差值，用于了解该电动机通风散热的效果。若该差值小，则说明通风散热的效果好；反之，则说明通风散热的效果差。进风温度在距电动机进风口 100mm 左右的位置测量；出风温度在距电动机出风口 10mm 左右的位置测量。对于无明确出风口的电动机，如封闭式电动机，则在电动机外壳远离风扇的一端进行测量。当温度计必须放置在电动机外壳上时，为了防止电动机外壳的热量影响本项测量，应在温度计与电动机外壳之间加垫隔热物质，如前面介绍的石棉油腻子等。

（5）测量定子绕组温度的测温元件　当有要求时，应在电动机定子绕组端部或槽内埋置测温传感元件（或称为检温计），一般采用热电偶或热电阻等，其数量应不少于 6 个。应尽可能在电动机嵌线时埋入，否则只能用专用胶泥将其黏在电动机定子绕组的端部。在符合安全要求的前提下，应尽量将其安置在可能是最热点的位置上，并采取有效措施防止其与一次侧冷却介质接触。引出线应用绝缘套管保护好，防止其与机壳或电源线短路。

在定子槽内埋置测温元件时，对每槽具有 2 个及以上线圈边的，检温计应置于槽内绝缘线圈边之间预计为最热点的位置上；对每槽只有 1 个线圈边的，检温计应置于槽楔与绕组绝缘层外部之间预计为最热点的位置上。在定子绕组端部埋置时，应将检温计置于绕组端部两个相邻线圈边之间预计为最热点的位置上，如图 1-73a 所示。

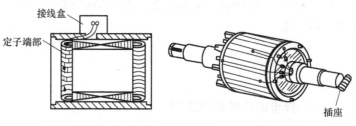

a) 定子绕组测温元件的放置　　b) 转子绕组测温元件的放置

图 1-73　定、转子测温元件的放置情况

（6）测量转子温度的测温元件　在电动机转子某些部位埋置测温元件时，一般采用热电偶或热电阻。应在电动机组装前埋入，对于笼型转子，应将测温元件埋入事先钻好的孔内并用耐高温的环氧树脂胶封好。引线从电动机轴的中心孔（专为试验而钻出的）中穿出后，接于安装在轴伸端面的专用插座上。试验停机后，通过该插座与仪表插头连接，得到转子的温度，如图 1-73b 所示。

五、任务思考

1）简述笼型异步电动机的温升特性试验过程。

2）一般情况下，异步电动机的温升试验需要几个小时？为了缩短试验时间，在实际中可以怎么做？

3）对于 S1 工作制的电动机，如何判断电动机的温升已经达到稳定？

六、任务反馈

任务反馈主要包括试验报告和考核评定两部分，具体见附录。

任务六　负载特性试验

一、任务描述

异步电动机的负载特性试验是为了求取在额定电压和额定频率下，被试电动机的工作特性曲线以及满载（或规定负载）时的效率、功率因数及转速。

异步电动机的工作特性是考核电动机性能的重要指标，特别是效率特性，它的好坏几乎与所有主要设计参数以及所有主要部件的材质、结构、生产工艺及操作方法有关。

现有一台普通笼型异步电动机，型号为 Y2－100L1－4，试利用给定的试验台对此电动机进行负载特性试验，具体要求如下：

1）了解电动机负载特性试验的基本要求及安全操作规程。

2）掌握电动机负载特性试验常用仪表、仪器和设备的正确使用方法。

3）对给定的异步电动机进行负载特性试验，能正确接线和通电，并测量功率、电压、电流、频率、转矩、转速、效率及功率因数等数据。

4）利用负载特性试验测得的试验数据，绘出笼型异步电动机的 n、$\cos\varphi$、I_1、T_2 和 η 随输出功率 P_2 变化的负载工作特性曲线。

5）根据异步电动机的基本理论，能用直接负载法和损耗分析法分析笼型异步电动机的负载工作特性。

二、任务资讯

（一）异步电动机效率实测

由电机学理论可知，异步电动机运行时电源输入电功率 P_1 与转轴上输出机械功率 P_2 的关系为

$$P_2 = P_1 - \sum P \tag{1-74}$$

式中，P_1 为电动机的输入功率（W）；P_2 为电动机的输出功率（W）；$\sum P$ 为异步电动机在额定功率下运行时的总损耗（W），其计算公式为

$$\sum P = P_{Cu1} + P_{Cu2} + P_{Fe} + P_m + P_s \tag{1-75}$$

式中，P_{Fe} 为电动机的铁心损耗（W）；P_{Cu1} 为电动机的定子铜耗（W）；P_{Cu2} 为电动机的转子铜耗（W）；P_m 为电动机的机械损耗（W）；P_s 为电动机的杂散损耗（W）。

于是，得出异步电动机的效率为

$$\eta = \frac{P_2}{P_1} \times 100\% = \frac{P_1 - \sum P}{P_1} \times 100\% = \frac{P_2}{P_2 + \sum P} \times 100\% \tag{1-76}$$

由上述分析思路可知，三相异步电动机效率的确定方法有很多种，但大体可以分为三大类：第一类是直接测定法；第二类是间接测定法，又称为损耗分析法；第三类是通过简单试验后再利用理论进行计算的方法。目前，绝大多数电动机的技术条件中规定的效率限值要求采用第二类方法（损耗分析法）来确定效率，而效率的确定需要在杂散损耗试验、空载试验等得出相关数据后才能进行，具体方法见表1-26。由于其中实测输出机械功率（转矩和转速）的 A 法和 B 法的不确定度最低（准确度最高），并且绝大部分中小型（特别是小型）电动机生产单位已经具备相应的试验设备和相关条件，所以本任务将重点介绍这两种方法。其他几种方法请读者查阅相关教程自行学习。

表1-26 三相异步电动机效率的确定方法

序号	名称	代号	特点	说明
1	输入—输出法	A	直接测定效率，或者需要实测输出功率（或转矩与转速），通常用于额定功率在1kW以下且效率不高于80%的电动机	杂散损耗用剩余损耗法求得，方法简单直观，准确度较高，但不利于对电动机进行具体分析
2	输入—输出损耗分析法	B	实测杂散损耗，铁耗由空载试验求取	杂散损耗用线性回归法求得，准确度较高，能对电动机进行具体的分析，是优先选用的方法，但试验项目多、计算量大、费时费力
3		B1	试验方法同 B 法，铁耗由电压、电流、功率等数据计算得到	

（续）

序号	名称	代号	特点	说明
4	双机对拖回馈法	C	实测杂散损耗，直流电阻等修正到环境温度25℃，效率的确定采用损耗分析法	杂散损耗用线性回归法求得，能对电动机进行具体分析，但试验项目多、计算量大、费时费力、且准确度不如 A 法和 B 法
5		C1	试验方法同 C 法，但将直流电阻温度修正为规定的基准温度	
6	损耗分析法	E	实测杂散损耗	
7		E1	杂散损耗使用经验公式计算获得	
8	等效电路法	F	实测杂散损耗	需要的理论知识太多，准确度最差
9		F1	杂散损耗使用经验公式计算获得	
10	降低电压负载法	G	实测杂散损耗	在电源或负载不能满足满载运行负载试验时使用，需要的试验过程更复杂，同时计算过程中假设条件太多，从而导致准确度较低
11		G1	杂散损耗使用经验公式计算获得	
12	圆图计算法	H	在试验设备极度不足时使用	需要的理论知识太多，准确度最差

1. 输入—输出法

（1）有关说明　输入—输出法属于效率的直接测定法，采用这种方法在试验时能直接得到求取效率的两个量——输入电动率和输出机械功率。

本方法的关键在于需具备能直接测定电动机输出机械功率（或转矩）的测功设备。同时，为保证系统的综合测试精度，所用测功机的功率（或转矩传感器的标称转矩）在与被试电动机同样的转速下，应不超过被试电动机额定功率（或转矩）的 2 倍。如果使用的是校正过的直流电机，则所用直流电机的校正应在发电机状态下进行，试验时直流电机的转向和励磁电流应与校正时相同，且试验过程中励磁电流应保持不变。

采用此法求取效率时，需在额定电压和额定频率下进行相关试验，并求取试验数据，再对试验数据进行修正，主要是对热损耗的温度和输出转矩进行修正，并根据修正后的输出功率和输入功率求出各试验点的效率。这里规定试验时实测的数据加下角标"t"，进行相关修正后的数据加下角标"S"，例如，实测的定子铜耗和输出转矩分别为 P_{Cult} 和 T_t，修正后的数值符号则分别为 P_{CuIS} 和 T_{S}。

（2）试验方法　使用输入—输出法求取效率的方法和步骤如下：

1）被试电动机绕组冷态直流电阻的测定试验。被试电动机绕组冷态直流电阻的测定试验见前文相关任务。由本试验求得电动机在实际冷态下的直流电阻 R_{1C} 和此时的环境温度 θ_{1C}。

2）被试电动机在 $U_0 = U_N$ 时的空载特性试验。被试电动机的空载试验见前文相关任务。由本项试验求得额定频率和额定电压下的空载电流 I_0、空载损耗 P_0，并按要求绘制出空载特性曲线。

3）被试电动机在 $U = U_N$ 和 $f = f_N$ 时的负载特性试验。在被试电动机加规定的负载运行到温升稳定或规定时间后（按规定的时间进行试验时，被试电动机绕组所达到的温度与实际温升稳定所达到的温度之差应不超过 5K），调节负载在（0.25～1.5）倍额定功率范围内变化，测取负载下降和上升时的两条工作特性曲线。每条曲线测取不少于 6 点读数，每点读

数包括三相线电压 U_{1t}（V）（应保持额定值）、三相线电流 I_{1t}（A）（三相电流的平均值）、输入功率 P_{1t}（W）、转速 n_t（r/min）、输出转矩 T_t（N·m），有条件时还应记录输出功率 P_{2t}（W）。最后断电停机，在规定的时间内测得定子绕组的直流电阻 R_{1t}（Ω），否则应按热试验后求取热电阻的有关规定进行外推修正。在有条件时，应优先采用事先在绕组中埋置测温元件获得每点定子绕组温度或电阻的方法。试验时，还应记录环境温度 θ（℃）。

（3）数据处理

1）定子铜耗 P_{CuS} 的求取。

① 按式（1-77）求出各试验点三相线电流的平均值 I_{1t}：

$$I_{1t} = \frac{I_a + I_b + I_c}{3} \tag{1-77}$$

② 用实测绕组温度的方法求取负载试验时的定子端电阻 R_{1t}，也可以在试验结束后立即测取：

$$R_{1t} = R_{1C} \frac{K_1 + \theta_{1t}}{K_1 + \theta_{1C}} \tag{1-78}$$

式中，R_{1C} 为实际冷态下（温度为 θ_{1C}）实测三相绕组端电阻的平均值（Ω）；θ_{1C} 为测量电阻 R_{1C} 时的冷却介质温度（℃），一般为环境温度；θ_{1t} 为负载特性试验时绕组温度实测值中的最高值（℃）；K_1 为 0℃时定子绕组电阻温度系数的倒数，铜绕组取 235。

③ 按式（1-79）求负载试验环境状态下的定子铜耗 P_{Cut}：

$$P_{Cut} = 1.5 I_{1t}^2 R_{1t} \tag{1-79}$$

式中，R_{1t} 为应用热试验结束时立即测得的电阻值或利用测量绕组温度的方法换算得到的数值（Ω）；I_{1t} 为各试验点三相线电流的平均值（A）。

④ 换算到规定温度时的定子铜耗 P_{CuS}。额定负载下绕组的规定温度包括两种含义：一种是规定到基准工作温度；另一种是规定到环境温度，又称为基准冷却介质温度。

a）基准工作温度。基准工作温度与电动机的绝缘热分级有关，其规定见表 1-27。

表 1-27　电机绕组的基准工作温度

电动机绝缘热分级	A（105）	E（120）	B（130）	F（155）	H（180）
基准工作温度 θ_J/℃	75	75	95	115	130

b）环境温度。一般将环境温度（或称基准冷却介质温度）确定为一个固定值，一般为 25℃，此时有

$$\theta_J = \theta_{1t} - \theta_A + 25 \tag{1-80}$$

式中，θ_J 为将电动机绕组温度从工作温度修正到规定温度 25℃时的温度值（℃）；θ_{1t} 为额定负载热试验结束时测得的定子绕组温度的最高值（℃），即绕组的工作温度；θ_A 为额定负载热试验结束时冷却介质温度的平均值（℃），一般为环境温度。

于是，得到定子铜耗的温度修正值 P_{CuS} 为

$$P_{CuS} = P_{Cut} \frac{K_1 + \theta_J}{K_1 + \theta_{1t}} \tag{1-81}$$

$$\Delta P_{Cu1} = P_{Cut} - P_{CuS} \tag{1-82}$$

式中，θ_J 为规定温度，取环境温度或基准工作温度（℃）；ΔP_{Cu1} 为换算到规定温度时定子

铜耗的增量（变化量）（W）。

2）铁心损耗 P_{Fe} 的求取。

① 根据测得的空载试验数据，在合适的坐标纸上绘出相关的空载特性曲线 $P_{Fe} = f(U_0/U_N)$。具体方法见空载特性试验相关内容。

② 考虑到电动机负载运行时，转子电流对定子磁场的去磁作用，认为铁心损耗主要与定子电压有关，与定子电流及输入功率也有一定关系。先利用定子电流 I_{1t}、定子绕组电阻 R_{1t} 及输入功率 P_{1t} 等求得一个电压 U_b，然后通过空载特性试验的有关曲线得到对应于 U_b 的铁心损耗。计算公式为

$$U_b = \sqrt{\left(U_t - \frac{\sqrt{3}}{2}I_{1t}R_{1t}\cos\varphi\right)^2 + \left(\frac{\sqrt{3}}{2}I_{1t}R_{1t}\sin\varphi\right)^2} \tag{1-83}$$

$$\cos\varphi = \frac{P_{1t}}{\sqrt{3}\,U_t I_{1t}} \tag{1-84}$$

根据 $(\sin\varphi)^2 + (\cos\varphi)^2 = 1$，可得到更为简单的公式，即

$$U_b = \sqrt{U_t^2 - R_{1t}P_{1t} + \frac{3}{4}I_{1t}^2 R_{1t}^2} \tag{1-85}$$

式中，U_t 为负载试验时的定子电压（V）；I_{1t} 为负载试验时的定子电流（A）；R_{1t} 为温升稳定时的定子绕组直流电阻（Ω）；P_{1t} 为负载试验时的输入功率（W）。

③ 根据求得的 U_b，从空载特性曲线 $P_{Fe} = f(U_0/U_N)$ 上查取 $U_0/U_N = U_b/U_N$ 时的铁心损耗，此值即为所求的铁心损耗值。

3）转子铜耗 P_{Cu2S} 的求取。

① 按式(1-86) 求取负载试验环境状态下的转差率 s_t：

$$s_t = \frac{n_{st} - n_t}{n_{st}} \tag{1-86}$$

式中，n_{st} 为磁场的同步转速（r/min）；n_t 为实测的转子转速（r/min）。

② 按式(1-87) 求取负载试验环境条件下各负载点的转子铜耗 P_{Cu2t}

$$P_{Cu2t} = s_t(P_{1t} - P_{Cu1t} - P_{Fe}) \tag{1-87}$$

式中，P_{Fe} 为电动机的铁心损耗（W）；P_{Cu1t} 为电动机的定子铜耗（W）；P_{1t} 为实测的输入功率（W）。

③ 按式(1-88) 和式(1-89) 求取换算到规定温度时的转子铜耗 P_{Cu2S}

$$P_{Cu2S} = P_{Cu2t}\frac{K_2 + \theta_J}{K_2 + \theta_{2t}} \tag{1-88}$$

$$\Delta P_{Cu2} = P_{Cu2t} - P_{Cu2S} \tag{1-89}$$

式中，K_2 为 0℃ 时转子绕组电阻温度系数的倒数，铸铝转子取 225，铜条转子取 235；θ_J 为规定温度（℃）；θ_{2t} 为测量转差率时转子绕组的温度（℃），一般情况下，转子绕组的温度不易直接测得，此时可由定子温度来代替，即其为电动机热试验时求得的定子绕组温升与环境温度之和，环境温度为热试验结束前一段时间内环境温度的平均值；ΔP_{Cu2} 为换算到规定温度时转子损耗的增量（变化量）（W）。

4）输入功率 P_{1S} 的求取。其计算公式为

$$P_{1S} = P_{1t} - \Delta P_{Cu1} - \Delta P_{Cu2} \tag{1-90}$$

5）输出功率 P_{2S} 的求取。

① 求取修正后的输出转矩 T_S。对于用测功机测得的各点输出转矩值，应补加测功机风摩损耗所消耗的转矩后，才是被试电动机的输出转矩，即

$$T_S = T_t + \Delta T \tag{1-91}$$

$$\Delta T = 9.55 \frac{P_1 - P_0}{n_t} - T_d \tag{1-92}$$

式中，T_S 为修正后的电动机输出转矩（N·m）；T_t 为试验时测功机显示的转矩值（N·m）；ΔT 为测功机的风摩损耗转矩（N·m）；P_1 为电动机在额定电压下驱动测功机时的输入功率（W），此时测功机的电枢和励磁回路均应开路；P_0 为电动机的空载损耗（W）；n_t 为风摩损耗转矩试验时电动机的转速（r/min）；T_d 为风摩损耗转矩试验时测功机的转矩值，（N·m）。

② 按式(1-93)求取换算到规定温度时的转差率 s_S：

$$s_S = s_t \frac{K_2 + \theta_J}{K_2 + \theta_{2t}} \tag{1-93}$$

③ 按式(1-94)求取换算到规定温度时的转速 n_S：

$$n_S = n_{st}(1 - s_S) \tag{1-94}$$

④ 按式(1-95)求取换算到规定温度时的输出功率 P_{2S}：

$$P_{2S} = \frac{T_S n_S}{9.549} \tag{1-95}$$

6）效率 η 的求取。其计算公式为

$$\eta = \frac{P_{2S}}{P_{1S}} \times 100\% \tag{1-96}$$

7）功率因数 $\cos\varphi$ 的求取。其计算公式为

$$\cos\varphi = \frac{P_{1S}}{\sqrt{3} U_{1t} I_{1t}} \tag{1-97}$$

2. 输入—输出损耗分析法

（1）有关说明　此法是对电动机进行效率认证时，推荐或必须采用的一种效率测试方法，是一种优先考虑的方法。

采用此方法时，关键是通过相关试验得到额定频率和额定电压时若干组不同负载量情况下的 5 种损耗值，即定子铜耗、转子铜耗、铁心损耗（简称铁耗）、机械损耗和杂散损耗。

本方法含有 B 和 B1 两种方法，两者的区别只在于确定铁心损耗的方法有所不同。B 法认为铁心损耗是一个不变量而可用空载特性试验求得；而 B1 法则认为铁心损耗也是变量，需要用经验公式求得。

事实上，A 法和 B 法所用的设备可以完全相同。从名称上来看，效率测试的 A 法和 B 法都带有"输入—输出"4 个字，即都属于需要加到额定输出功率的直接负载，并且能够实测输出机械功率（一般是通过实测输出转矩和转速后计算得到）的直接负载法，所以两种方法所用仪器设备的组成以及试验过程完全相同。

B 法比 A 法多了"损耗分析"，区别在于试验取得相关数据后的某些计算环节，具体地说是杂散损耗的计算问题：A 法直接使用剩余损耗作为杂散损耗；B 法则需要对剩余损耗进行与输出转矩成二次函数的线性回归（美国标准中称为平滑处理），去除二次函数中的"截

距"后，再用杂散损耗与输出转矩的二次方成线性关系求出用于效率计算的杂散损耗值。

（2）试验方法　使用输入—输出损耗分析法求取效率的方法和步骤如下：

1）被试电动机绕组冷态直流电阻的测定试验。被试电动机绕组冷态直流电阻的测定试验见相关任务。由本试验求得电动机在实际冷态下的直流电阻 R_{1C} 和此时的环境温度 θ_{1C}。

2）被试电动机在 $U_0 = U_N$ 时的空载特性试验。空载特性试验的方法见相关任务。由本项试验求得额定频率和额定电压下的空载电流 I_0、空载损耗 P_0、铁心损耗 P_{Fe}、机械损耗 P_m。

3）被试电动机在 $U = U_N$ 和 $f = f_N$ 时的负载特性试验。负载特性试验的方法见相关任务。由本项试验获得若干组输入电流 I_{1t}、输入功率 P_{1t}、输出功率 P_{2t}（或转矩 T_t）、转速 n_t 和断电停机后的定子绕组电阻 R_{1t}。再对有关试验值进行修正，主要是对热损耗的温度修正和对输出转矩的修正。

（3）数据处理

1）定子铜耗 P_{CuS} 的求取。定子铜耗的求取同 A 法，这里不再重复。

2）铁心损耗 P_{Fe} 的求取。

① B 法。铁心损耗 P_{Fe} 由空载特性试验获得。认为它是一个只与定子电压有关的量。负载特性试验时，定子电枢恒为额定值，所以认为各电流点的铁心损耗不变。

② B1 法。用 B1 法求取铁心损耗的过程同 A 法，这里不再重复。

3）转子铜耗 P_{Cu2S} 的求取。转子铜耗的求取同 A 法，这里不再重复。

4）机械损耗 P_m 的求取。机械损耗 P_m 是一个主要与转速有关的量。负载特性试验时，各电流点的转速变化不大，所以也可认为机械损耗是一个不变的量，所以可以通过空载特性试验求得。

5）杂散损耗 P_s 的求取。采用剩余损耗（为输入功率与输出功率之差去掉其他可求的4 项损耗后的剩余部分）法求取，并通过线性回归法确定，认为杂散损耗与输出转矩的二次方成线性直线关系，并用相关系数 r 表示点与直线的吻合程度。设剩余损耗为 P_L（W），电动机的输出转矩为 T_s（N·m），A 为函数的斜率，B 为截距，具体方法如下：

① 按式(1-98) 求取剩余损耗 P_L：

$$P_L = P_{1t} - P_{2t} - (P_{CuS} + P_{Cu2S} + P_{Fe} + P_m) \tag{1-98}$$

式中，P_{Fe} 为额定电压时的铁心损耗（W），通过空载特性试验求得；P_m 为额定转速时的机械损耗（W），通过空载特性试验求得；P_{CuS} 为各试验点的定子铜耗（W），通过负载特性试验求得；P_{Cu2S} 为各试验点的转子铜耗（W），通过负载特性试验求得；P_{1t} 为负载试验时各试验点的输入功率（W）；P_{2t} 为负载试验时各试验点的输出功率（W）。

② 按式(1-99) 和式(1-100) 求取 $P_L = AT_s^2 + B$ 中的斜率 A 和截距 B：

$$A = \frac{n \sum (P_L T_s^2) - \sum P_L \sum T_s^2}{n \sum (T_s^2)^2 - \sum (T_s^2)^2} \tag{1-99}$$

$$B = \frac{1}{n} \left(\sum P_L - A \sum T_s^2 \right) \tag{1-100}$$

式中，n 为负载测试点总数，若有删除点，则应按删除后剩余的实际点数计算；T_s 为修正后的电动机输出转矩值（N·m），求法同 A 法。

③ 按式(1-101) 求取相关系数 r：

$$r = \frac{n\sum(P_{\mathrm{L}}T_{\mathrm{S}}^2) - (\sum P_{\mathrm{L}})(\sum T_{\mathrm{S}}^2)}{\sqrt{[n\sum(T_{\mathrm{S}}^2)^2 - (\sum T_{\mathrm{S}}^2)^2][n\sum P_{\mathrm{L}}^2 - (\sum P_{\mathrm{L}})^2]}} \tag{1-101}$$

如果 $r \geqslant 0.95$，则符合计算要求，进入下一步操作；否则应剔除坏点重新计算，直至符合要求为止。

④ 在回归计算得到满意结果后，用求得的斜率和各测试点的实际输出转矩 T_{S}，计算求取各点真正的杂散损耗 P_{s}：

$$P_{\mathrm{s}} = AT_{\mathrm{S}}^2 \tag{1-102}$$

6）总损耗 $\sum P$ 的求取。其计算公式为

$$\sum P = P_{\mathrm{Cu1S}} + P_{\mathrm{Cu2S}} + P_{\mathrm{Fe}} + P_{\mathrm{m}} + P_{\mathrm{s}} \tag{1-103}$$

7）效率 η 的求取。其计算公式为

$$\eta = \frac{P_{1\mathrm{t}} - \sum P}{P_{1\mathrm{t}}} \times 100\% \tag{1-104}$$

3. 损耗分析法

（1）有关说明　本方法所用的试验设备同 A、B、C 三种方法中的任意一种，被试电动机与负载设备的连接方式和要求与 C 法相同，但如果负载是三相异步电动机，其额定功率不能低于被试电动机的 95%。

本方法要求测定被试电动机的输入电功率 $P_{1\mathrm{t}}$，用此功率减去各项损耗得出输出功率 P_2，再用两者之比求得效率 η。注意：在求定子铜耗时需要对其进行温度修正。

（2）试验方法　使用损耗分析法求取效率的方法和步骤如下：

1）被试电动机绕组冷态直流电阻的测定试验。被试电动机绕组冷态直流电阻的测定试验见相关任务。由本试验求得电动机在实际冷态下的直流电阻 $R_{1\mathrm{C}}$ 和此时的环境温度 $\theta_{1\mathrm{C}}$。

2）被试电动机在 $U_0 = U_{\mathrm{N}}$ 时的空载特性试验。空载特性试验的方法见相关任务。由本项试验求得额定频率和额定电压下的空载电流 I_0、空载损耗 P_0、铁心损耗 P_{Fe}、机械损耗 P_{m}。

3）被试电动机杂散损耗的测定试验。采用反转法测定电动机的高频杂散损耗时，被试电动机应在其他机械的拖动下反转，在接近其同步转速的情况下运行。拖动它的机械可以是和其功率相等或相近、极对数相同的异步电动机，此时称为异步电机反转法；也可以是测功机、在电动机状态下校正过的直流电机、由转矩转速传感器和直流电动机等组成的测功设备等，此时统称为测功机反转法。上述的拖动机械统称为陪试电机或辅助电机，它们在试验时均通过联轴器和被试电动机连接。

异步电动机反转法中的陪试电机一般采用三相调压器供电，测功机反转法中陪试电机的供电应能保证机组的转速保持为被试电动机的同步转速，为了得到较高的测试精度，在此转速下，测功机的功率最好应为被试电动机额定功率的 15% 左右，转矩传感器的标称转矩也应为被试电动机额定转矩的 15% 左右。用测功机做拖动机械时的试验电路与负载特性试验电路相同。被试电动机和采用异步电动机反转法试验时的陪试电机的功率测量都应采用低功率因数功率表。

利用反转法实测给定系统高频杂散损耗的步骤如下：

① 接线。按图 1-74 接线，图中的功率测量仪表为低功率因数功率表。

② 检查反转。对被试电动机和陪试电动机分别用各自的电源通电观察转向，从同一方向看，两者转向应相反。一般通过联轴器的转向判定，联轴器的两半节转向应相反，否则应进行调整。

③ 空转运行。用陪试电动机拖动被试电动机空转运行，转速应等于或接近被试电动机的同步转速，直到机械损耗达到稳定为止。

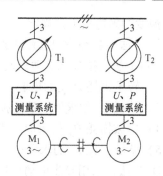

图 1-74　异步电动机反转法实测高频杂散损耗的试验电路示意图
M_1—被试电动机　M_2—陪试电动机

④ 反转预热。在上述基础上，开始给被试电动机通电，电源频率应为被试电动机的额定频率，电压以使被试电动机定子电流达到额定值为准，运行 10min。如试验紧接着热试验或负载试验进行，则不需要进行第③步和第④步。

⑤ 数据测试。

a）调节被试电动机的输入电压，在（0.5～1.5）倍额定电流范围内测取 6～9 点，每点读数应包括被试电动机的三相线电流 I_1 和输入功率 P_1 以及陪试电动机的输入功率 P_{a1}。

b）上述每点的数据测试结束后，断开被试电动机的电源，读取陪试电动机的输入功率 P_{a0}。

c）测试完毕后，迅速断电停机，并测取被试电动机的定子线电阻 R_1。

⑥ 数据分析。

a）根据上述求出的各点试验值，代入式（1-105）求出高频杂散损耗 P_{sh}：

$$P'_{sh} = P_{a1} - P_{a0} - (P_1 - 1.5I_1^2 R_1) \quad (1\text{-}105)$$

b）绘制高频杂散损耗与转子电流的关系曲线 $P'_{sh} = f(I_1)$，如果已经测取基频杂散损耗，则应将两条曲线绘制在同一坐标系中，如图 1-75 所示。

c）如果高频和基频杂散损耗都已实测，并按上述要求绘制出了与定子电流 I_1 的关系曲线，则可在曲线上查出对应于各电流点的两个杂散损耗值。然后用式（1-106）求出总的杂散损耗

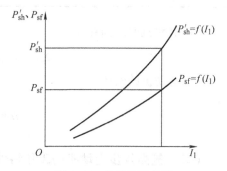

图 1-75　杂散损耗曲线

$$P_s = P_{sh} + P_{sf} = P'_{sh} + 2P_{sf} \quad (1\text{-}106)$$

如果由于时间关系或者其他原因没有实测基频杂散损耗，则总杂散损耗的计算公式为

$$P_s = (1 + 2C)P'_{sh} \quad (1\text{-}107)$$

式中，C 为电动机基频杂散损耗与高频杂散损耗比值的统计系数，对于普通笼型异步电动机，$C = 0.1$，故 $P_s = 1.2P'_{sh}$。

4）被试电动机在 $U = U_N$ 和 $f = f_N$ 时的负载试验。由本项试验获得若干组输入电流 I_{1t}、输入功率 P_{1t}、输出功率 P_{2t}（或转矩 T_t）、转速 n_t 和断电停机后的定子绕组电阻 R_1（或温度 θ_1）等数据。

（3）数据处理

1）定子铜耗 P_{Cu1S} 的求取。在规定温度下，定子铜耗的确定方法同 A 法或 B 法，但其中

规定温度的确定按下列规定：

① C 法应将环境温度修正到 25℃。

② C1 法应按被试电动机使用的绝缘热分级选用表 1-27 中给出的温度。

2）转子铜耗 P_{Cu2S} 的求取。同 P_{Cu1S} 的求取方法，这里不再重复。

3）铁耗 P_{Fe} 的求取。铁心损耗 P_{Fe} 的求取同 B 法，这里不再重复。

4）机械损耗 P_m 的求取。机械损耗 P_m 的求取同 B 法，这里不再重复。

5）杂散损耗 P_s 的求取。

① E 法。采用异步电动机反转法实测求得。

② E1 法。用推荐值经验公式：中小型电动机在额定负载时的杂散损耗为其额定功率的 1%～3%；在非额定负载时，杂散损耗与电流的二次方成正比。

另外，国家标准 GB/T 1032—2012 中也具体写明，杂散损耗的推荐值经验公式见表 1-28，其中 P_1 为电动机的输入功率，I_0 为 $U_0 = U_N$ 时的空载电流，I_N 为额定负载时的额定电流，P_{sN} 为额定负载时的杂散损耗，P_s 为其他负载时的杂散损耗。

表 1-28　电动机杂散损耗的经验公式

电动机的额定功率	额定负载时	非额定负载时
$P_N \leqslant 1kW$	$P_{sN} = 0.025P_1$	
$1kW < P_N < 10000kW$	$P_{sN} = P_1[0.025 - 0.005\lg(P_N/1kW)]$	$P_s = P_{sN}\dfrac{I_1^2 - I_0^2}{I_N^2 - I_0^2}$
$P_N \geqslant 10000kW$	$P_{sN} = 0.005P_1$	

6）电动机的总损耗为

$$\sum P = P_{Cu1S} + P_{Cu2S} + P_{Fe} + P_m + P_s \tag{1-108}$$

7）电动机的效率为

$$\eta = \frac{P_{1t} - \sum P}{P_{1t}} \times 100\% \tag{1-109}$$

（二）笼型异步电动机的工作特性

根据试验时能否直接测取被试电动机的输出机械功率和对电动机效率求取方法的具体规定不同，负载试验的目的也有所不同。

对于要求采用输入—输出法求取效率的（此时试验设备必须是可以直接显示被试电动机输出机械功率，或直接显示输出转矩的负载设备，如测功机等），负载试验的目的是测取可直接用于计算效率的输入及输出功率，以及用于计算满载功率因数的定子输入电流及绘制工作曲线的其他有关数据。

对于不能直接显示被试电动机输出机械功率的负载设备，或不论采用何种负载设备均要求采用间接测定法求取效率（或称为损耗分析法）的，负载试验的目的则是为准确求得被试电动机的效率、功率因数及转差率等而测取一些有关数据，一般为若干组定子电流、三相输入功率、转差率（或转速）、定子电阻等。

但最终目的都是求取在额定电压和额定频率下被试电动机的输入电流 I_1、输出转速 n（或转差率 s）、效率 η、功率因数 $\cos\varphi_1$ 和电磁转矩 T_2 等性能参数与输出功率 P_2 的特性曲线（称为工作特性曲线），以及满载或规定负载时的效率、功率因数及转速。

异步电动机的工作特性是指电动机在电源电压 $U_1 = U_N$ 和电源频率 $f_1 = f_N$ 的条件下运行时，改变电动机的负载，分别记录并计算得到定子电流 I_1、输入功率 P_1、转速 n、输出转矩 T_2、效率 η、功率因数 $\cos\varphi$、输出功率 P_2，取 6 ~ 8 个测量点，按要求把数据填入相关表格中，并在同一个坐标系中画出电动机的转速（或转差率）、电磁转矩、定子电流、功率因数、效率与输出功率的关系曲线：$n = f(P_2)$、$T_2 = f(P_2)$、$I_1 = f(P_2)$、$\cos\varphi = f(P_2)$、$\eta = f(P_2)$，其中 n、I_1 为实测值。此即为异步电动机的工作特性曲线，如图 1-76 所示。

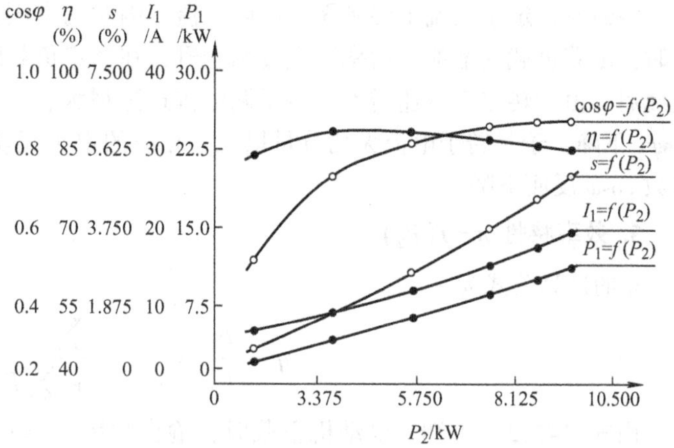

图 1-76　笼型异步电动机的工作特性曲线示例

1. 转速特性 $n = f(P_2)$

由 $P_{\text{Cu2}} = sP_{\text{em}}$ 可得

$$s = \frac{P_{\text{Cu2}}}{P_{\text{em}}} = \frac{m_1 R_2' I_2'^2}{m_1 E_2' I_2' \cos\varphi_2} \tag{1-110}$$

空载时，输出功率 $P_2 = 0$，转子电流很小，$I_2' \approx 0$，所以 $P_{\text{Cu2}} \approx 0$，$s \approx 0$，$n \approx n_1$。负载时，随着 P_2 的增加，转子电流也增大，因为 P_{Cu2} 与 I_2 的二次方成正比，而 P_{em} 近似地与 I_2' 成正比。因此，随着负载的增大，s 也增大，转速 n 降低。额定工况运行时，转差率很小，一般 $s_N = 0.01 \sim 0.06$，相应的转速 $n_N = (1 - s)n_1 = (0.94 \sim 0.99)n_1$，与同步转速 n_1 接近，故转速特性 $n = f(P_2)$ 是一条稍向下倾斜的曲线。

2. 转矩特性 $T_2 = f(P_2)$

异步电动机输出转矩的计算公式为

$$T_2 = \frac{P_2}{\Omega} = \frac{P_2}{2\pi \dfrac{n}{60}} \tag{1-111}$$

空载时，输出功率 $P_2 = 0$，转子电流很小，$I_2' \approx 0$，$T_2 \approx 0$；负载时，随着输出功率的增加，转速略有下降，由式（1-111）可知，T_2 的上升速度略快于输出功率的上升速度，故转矩特性 $T_2 = f(P_2)$ 为一条过零点稍向上翘的曲线。由于从空载到满载，转速变化很小，故 $T_2 = f(P_2)$ 可近似看成一条直线。

3. 定子电流特性 $I_1 = f(P_2)$

由磁动势平衡方程 $\dot{I}_1 = \dot{I}_0 + (-\dot{I}_2)$ 可知，空载时，$\dot{I}_2 \approx 0$，故 $\dot{I}_1 = \dot{I}_0$；负载时，随着输出功率的增加，转子电流增大，于是定子电流的负载分量 1 也随之增大，所以定子电流随着输出功率的增大而增大。

4. 定子功率因数特性 $\cos\varphi = f(P_2)$

三相异步电动机运行时需要从电网吸收感性无功功率来建立磁场，所以异步电动机的功率因数总是滞后的。

空载时，定子电流主要是无功励磁电流，因此功率因数很低，通常不超过 0.2。负载运行时，随着负载的增加，功率因数逐渐上升，在额定负载附近，功率因数最高。当超过额定负载后，由于转差率迅速增大，转子漏电抗迅速增大，则 φ_2 增大得较快，故转子功率因数 $\cos\varphi_2$ 下降，于是转子电流无功分量增大，相应的定子无功分量电流也增大，因此定子功率因数 $\cos\varphi$ 反而下降。

5. 效率特性 $\eta = f(P_2)$

η 的计算公式为

$$\eta = \frac{P_2}{P_1} = 1 - \frac{\sum P}{P + \sum P} \tag{1-112}$$

由式(1-112) 可知，电动机空载时，输出功率 $P_2 = 0$，效率 $\eta = 0$。带负载运行时，随着输出功率的增加，效率也在提高。在正常运行范围内，因主磁通和转速变化很小，故可认为铁心损耗和机械损耗是不变损耗。而定子、转子铜耗和附加损耗随负载而变，称为可变损耗。当负载增大到使可变损耗等于不变损耗时，效率达到最高。若负载继续增大，则与电流二次方成正比的定子、转子铜耗将增加得很快，故效率反而下降，一般在 $(0.7 \sim 1.0)P_N$ 范围内效率最高。异步电动机的额定效率通常为 $0.74 \sim 0.94$，电动机容量越大，其额定效率越高。由于额定负载附近的功率因数及效率均较高，因此电动机应运行在额定负载附近。若电动机长期欠载运行，则效率及功率因数均低，很不经济。所以在选用电动机时，应注意其容量与负载要相互匹配。

三、任务实施

对于给定的异步电动机，用输入—输出损耗分析法（B 法）进行负载试验时，具体操作步骤如下：

（1）接线测试

1）穿戴好劳动保护用品，清点器件、仪表、电工工具等并摆放整齐。本任务试验所需的常用仪器、仪表和设备见附录 B。

2）预先在绕组中埋置两个或更多热传感元件，如热电偶等，一般埋置在出线端的绕组端部（若试验紧接着热试验进行，则预埋热传感元件这一步在热试验前就已经完成了）。

3）测量电动机三相绕组对地及相互间的绝缘电阻，如果符合要求，则进行下一步操作。

4）在实际冷态下，测取定子绕组的直流端电阻 R_{1C} 和环境温度 θ_{1C}，具体测量方法见前文，并把结果填入表 1-30 中。

5）在 $U_0 = U_N$ 时进行空载特性试验，求得额定频率和额定电压下的空载电流 I_0、空载损耗 P_0、铁心损耗 P_{Fe}、机械损耗 P_m。空载特性试验的方法见相关任务。

6）按图 1-77 接线，用交流异步电机（尽可能选用和被试电动机同规格的电机）做负载（运行时为异步发电机状态），通过联轴器与转矩传感器同轴连接。所选用测功机的功率

（或转矩传感器的额定转矩），在与被试电动机同样的转速下，应不超过被试电动机额定功率（或转矩）的 2 倍，但考虑到负载试验要求负载为额定值的 1.5 倍，应为 1.5～2 倍；若选用的转矩传感器具有短时 1.2 倍的过载能力，则可为 1.25～2 倍。

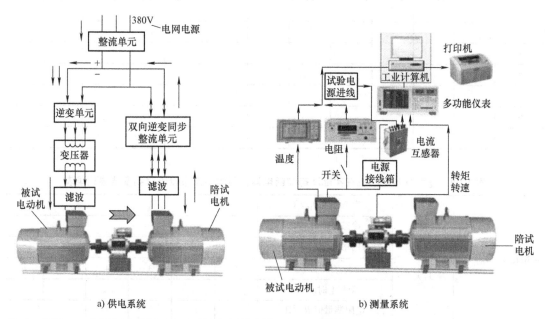

a) 供电系统　　　　　　　　　　　　　　　b) 测量系统

图 1-77　用交流异步电机做负载进行 B 法效率测定试验的系统示意图

7）电机在 $U = U_N$ 和 $f = f_N$ 时的负载试验。试验时给被试电动机加规定的负载（一般为额定负载），保持电源电压和频率为额定值，运行到温升稳定。如果单独进行本项试验，被试电动机绕组所达到的温度与实际温升稳定所达到的温度（该温度可以是同规格电机热试验的结果）之差不超过 5K，则可进行数据测试试验程序。若本项试验是紧接着热试验进行的，则可不必运行很长时间。

注意：试验过程中，要始终保持电源电压和频率为额定值不变。

调节负载在 ［0.25～1.5（或 1.25）］ 倍额定输出功率范围内变化，测取负载下降的工作特性曲线，每条曲线测取不少于 6 点读数，每点读数包括如下数据：输入电流 I_1（I_1 为实测三相线电流的平均值，可由三相计算得出）（A）、输入线电压 U_1（U_1 为实测三相线电压的平均值，可由三相计算得出）（V）、输入功率 P_1（W）、输出功率 P_2（W）、输出转矩 T（N·m）、转子转速 n（电机理论同步转速为 n_s）（r/min）和定子绕组的直流电阻 R_{1t}（Ω）或试验结束时的环境温度 θ_{1t}（℃）。

若无条件在运行过程中实测定子绕组的直流电阻 R_1，则建议在读取最后一点读数后，尽快断电停机，测量定子绕组直流电阻 R_1 与时间 t 的关系曲线，并将电阻冷却曲线外推至 t=0 点获得准确的 R_1，具体操作方法和试验步骤见前述相关任务。

上述试验流程可用下式表示：

$$1.25P_N \xrightarrow[\text{6～8 点 (}U = U_N, f = f_N\text{)}]{\text{测取 } I_1 \text{、} s \text{（或 } n\text{）、} P_1 \text{、} P_2 \text{（或 } T\text{）}} 0.25P_N \xrightarrow{\text{停机}} \text{测量 } R_1$$

把测得的试验结果填入表 1-29 和表 1-30 中。

表 1-29　笼型异步电动机负载试验原始数据记录表（室温_____℃）

测点序号	定子电流 I_1/A			输入功率 P_1/W			输出转矩 T/N·m	输出转速 n/(r/min)	输出功率 P_2/W
	I_a	I_b	I_c	W_1	W_2	P_1			
1									
2									
3									
4									
5									
6									
7									

表 1-30　笼型异步电动机在实际冷态和断电停机后的热态直流电阻测量结果记录表

电阻记录（U–V）	冷态	冷态温度 θ_{1C}/℃						
		冷态电阻 R_{1C}/Ω						
	热态	结束时的环境温度 θ_{1t}/℃						
		测点顺序/次	1	2	3	4	5	6
		距断电时间 t/s						
		电阻测量值 R_{1t}/Ω						

（2）数据分析　设同一个测量点的三相线电流分别为 I_a、I_b 和 I_c，线电压分别为 U_{ab}、U_{bc} 和 U_{ca}，采用"二表法"时，两功率表读数分别为 W_1 和 W_2，线电阻为 R_0（若采用测量温度的方法，则应为换算得到的数值）。上述各量的计量单位分别为 A、V、W 和 Ω。

根据表 1-29 和表 1-30 中的试验数据，按如下步骤进行计算，把求得的定子电流、效率、功率因数、转差率等数据填入表 1-32 中。

1）各试验点定子线电流 I_1 的计算。由表 1-29 按式(1-113) 计算得到

$$I_1 = \frac{I_a + I_b + I_c}{3} \tag{1-113}$$

2）各试验点输入功率 P_1 的计算。由表 1-29 按式(1-114) 计算得到：

$$P_1 = W_1 + W_2 \tag{1-114}$$

3）各试验点定子铜耗 P_{Cu1} 的计算。

① 根据上步得到的直流电阻值，在直角坐标系（或对数坐标系）中绘制热态直流电阻 R_{1t} 与时间 t 的冷却关系曲线。

② 根据上步所画曲线，用外推法求取 R_{1t}。

③ 根据上步求出的热态直流电阻 R_{1t}，根据式(1-115) 求取温升 $\Delta\theta$：

$$\Delta\theta = (K_1 + \theta_{1C}) \frac{R_{1t} - R_{1C}}{R_{1C}} + \theta_{1C} - \theta_{1t} \tag{1-115}$$

式中，θ_{1C} 为电动机某相绕组的冷态温度（℃）；θ_{1t} 为试验结束时冷却介质的温度（℃），一般为环境温度40℃；R_{1C} 为电动机某相绕组在 θ_{1C} 时的冷态直流电阻（Ω）；R_{1t} 为电动机某相绕组在 θ_{1t} 时的热态直流电阻（必须在电动机断电后 0.5min 内测定，最好用外推法获得）

（Ω）；K_1 为常数，铜绕组为 235，铝绕组 225。

④ 由所求的定子电流 I_1 和计算温升的热态直流电阻值 R_{1t}，计算并换算到环境温度为 25℃ 时的数值，于是得到各试验点的定子铜耗，见式（1-116）。其中绕组热态温度 θ_N 为温升 $\Delta\theta$ 与热态环境温度 θ_0 之和。

$$P_{Cu1} = 1.5 I_1^2 R_{1t} \frac{K_1 + \theta_N - \theta_{1t} + 25}{K_1 + \theta_N} \tag{1-116}$$

式中，θ_{1t} 为额定负载试验结束时的冷却介质温度（℃），一般为热态时的环境温度；θ_N 为绕组的热态温度（℃）；R_{1t} 为试验结束时测得的定子绕组直流电阻值（Ω），可以多测几点，并画曲线，用外推法求得；I_1 为各试验点定子线电流的平均值（A）。

4）各试验点铁损 P_{Fe} 的计算。

① 若采用 B 法，则铁心损耗 P_{Fe} 由空载特性试验获得。认为它是一个只与定子电压有关的量。负载特性试验时，定子电枢恒为额定值，所以认为各电流点的铁心损耗不变。也即各试验点均采用此值。

② 若采用 B1 法，考虑到负载运行时，转子电流对定子磁场的去磁作用，则先利用每一点的定子电流 I_1、定子绕组电阻 R_1 及输入功率 P_1 等，求得一个电压 U_b，然后通过空载特性试验的有关曲线得到对应 U_b 的铁心损耗。具体求法如下：

a）根据电机使用损耗理论，用式（1-117）计算得到各电压点的铁损，并作铁损与空载电压标幺值的关系曲线 $P_{Fe} = f(U_0/U_N)$，具体见空载特性试验部分。

$$P_{Fe} = P_0' - P_m = P_0 - P_{Cu1} - P_m \tag{1-117}$$

b）各负载点的铁损电压 U_b 为

$$U_b = \sqrt{U_t^2 - R_1 P_1 + \frac{3}{4} I_1^2 R_1^2} \tag{1-118}$$

c）在空载特性曲线 $P_{Fe} = f(U_0/U_N)$ 上，查取 $U_0/U_N = U_b/U_N$ 时对应的铁损 P_{Fe}。

5）各试验点转子铜损耗 P_{Cu2} 的计算。把电机转子绕组从额定负载试验结束时的工作温度修正到冷却介质温度为 25℃ 时的转差率 s 为

$$s = \frac{n_s - n}{n_s} \frac{K_2 + \theta_1}{K_2 + \theta_2} = \frac{n_s - n}{n_s} \frac{K_2 + \theta_N - \theta_0 + 25}{K_2 + \theta_2} \tag{1-119}$$

式中，n_s 为磁场的同步转速（r/min）；n 为实测的转子转速（r/min）；K_2 为系数，铸铝转子取 225，铜条转子取 235；θ_1 为规定温度（℃），一般规定为基准工作温度或环境温度 25℃；θ_2 为测量转差率时转子绕组的温度（℃），一般情况下，转子温度不容易测得，此时可由定子温度来代替，即 θ_2 为电机热试验时求得的定子绕组温升与环境温度之和，环境温度为热试验结束前一段时间内环境温度的平均值。

于是，得到修正后的转子铜耗 P_{Cu2} 为

$$P_{Cu2} = s(P_1 - P_{Cu1} - P_{Fe}) \tag{1-120}$$

6）各试验点机械损耗 P_m 的计算。由空载特性试验求得 P_m，并认为它是一个只与转速有关的量；负载试验时，各电流点的电机转速变化不大，所以也认为它是一个不变的量，即各试验点均使用此值。

7）各试验点杂散损耗 P_s 的计算。

① 用式（1-121）求出各试验点的剩余损耗 P_L，并把结果填入表 1-31 中。

$$P_{\mathrm{L}} = P_1 - P_2 - (P_{\mathrm{Cu1}} + P_{\mathrm{Cu2}} + P_{\mathrm{Fe}} + P_{\mathrm{m}}) \tag{1-121}$$

② 根据负载特性试验的输出转矩值和剩余损耗进行有关计算，并把结果填入表 1-31 中，其中试验点数 $n=6$，由于所使用的转矩传感器的损耗误差很小，只有几瓦，和显示的功率数值相比可以忽略，所以转矩数值直接使用试验时得到的实际值。

表 1-31　杂散损耗的线性回归数据汇总表

测点序号	P_{L}	P_{L}^2	T	T^2	T^4	$P_{\mathrm{L}}T^2$
1						
2						
3						
4						
5						
6						
Σ	$E = \Sigma P_{\mathrm{L}}$	$F = \Sigma P_{\mathrm{L}}^2$		$G = \Sigma T^2$	$H = \Sigma T^4$	$I = \Sigma P_{\mathrm{L}}T^2$

③ 按式（1-122）和式（1-123）求取线性方程的斜率 A 和截距 B；

$$A = \frac{n\sum(P_{\mathrm{L}}T^2) - \sum P_{\mathrm{L}}\sum T^2}{n\sum(T^2)^2 - \sum(T^2)^2} = \frac{nI - EG}{nH - G^2} \tag{1-122}$$

$$B = \frac{1}{n}\left(\sum P_{\mathrm{L}} - A\sum T^2\right) = \frac{1}{n}(E - AG) \tag{1-123}$$

式中，n 为负载试验的点数；P_{L} 为电机的剩余损耗，上面已求出；T 为电机的输出转矩。

④ 按式（1-124）计算相关系数 r

$$r = \frac{n\sum(P_{\mathrm{L}}T^2) - (\sum P_{\mathrm{L}})(\sum T^2)}{\sqrt{\left[n\sum(T^2)^2 - (\sum T^2)^2\right]\left[n\sum P_{\mathrm{L}}^2 - (\sum P_{\mathrm{L}})^2\right]}} \tag{1-124}$$

⑤ 计算各试验点的杂散损耗。上述计算的相关系数 r，如果符合用 B≥0.95 的要求，则可用式（1-125）计算得到各试验点的"真正"杂散损耗 P_{s}。

$$P_{\mathrm{s}} = AT^2 \tag{1-125}$$

8）效率 η 的计算。由上述数据求得修正后的输出功率 P_2 为

$$P_2 = P_1 - (P_{\mathrm{s}} + P_{\mathrm{Cu1}} + P_{\mathrm{Cu2}} + P_{\mathrm{Fe}} + P_{\mathrm{m}}) \tag{1-126}$$

于是效率为

$$\eta = \frac{P_2}{P_1} \times 100\% \tag{1-127}$$

9）功率因数 $\cos\varphi$ 的计算。其计算公式为

$$\cos\varphi = \frac{P_1}{\sqrt{3}\,I_1 U_1} \tag{1-128}$$

表 1-32 异步电动机负载试验性能数据记录表

测点序号	定子电流 I_1/A	定子铜耗 P_{Cu1}/W	铁心损耗 P_{Fe}/W	机械损耗 P_m/W	转子铜耗 P_{Cu2}/W	杂散损耗 P_s/W	输入功率 P_1/W	输出功率 P_2/W	效率 η（%）	功率因数 $\cos\varphi$	转差率 s	输出转矩 T/N·m
1												
2												
3												
4												
5												
6												

（3）曲线绘制 利用表 1-32 中的数据，以输出功率为横轴，其他参数为纵轴，在同一坐标纸上绘制工作特性曲线：定子电流特性曲线 $I_1 = f(P_2)$、转差率特性曲线 $s = f(P_2)$、输入功率特性曲线 $P_1 = f(P_2)$、效率特性曲线 $\eta = f(P_2)$、功率因数特性曲线 $\cos\varphi = f(P_2)$。注意：应设法将纵坐标按曲线的不同分开层次，做到分布均匀，尽可能避免相互交叉。

（4）确定额定输出功率时的性能数据 从上述工作特性曲线上查取对应于 $P_2 = P_N$ 时的定子电流、效率、功率因数、输入功率和转差率。这些数据一般会接近于铭牌、样本或技术条件等文件给出的对应数值，但不一定相等，有些还可能有较大差距（好于标准值）。为了和额定值相区别，一般将它们称为满载值，如满载电流、满载效率等。

满载输出转矩是通过满载转差率和额定输出功率计算求得的。把求得的性能数据填入表 1-33 中。

表 1-33 额定输出功率时的性能数据

定子电流 I_1/A	输入功率 P_1/W	转差率 s_r	效率 η（%）	功率因数 $\cos\varphi$	输出转矩 T/N·m

（5）计算满载时定子绕组的温升 由表 1-33 得到电机定子满载电流为 I_1，而热试验稳定时的定子电流为 $I_{1\theta}$，计算两者之差的百分数，如果误差在 ±5% 之内，则可以使用简单的温升修正公式，即式（1-129）将热试验得到的温升 $\Delta\theta$ 修正到满载时的数值 $\Delta\theta_{1L}$。

$$\Delta\theta_{1L} = \Delta\theta\left(\frac{I_1}{I_{1\theta}}\right)^2 \tag{1-129}$$

四、任务拓展

电动机在进行温升试验、负载试验时，都要对其施加负载。不同的电动机，不同的试验项目，对负载性质及大小都有不同的要求。

电动机是将电能转换化为机械能的工具，所以它的负载应是机械负载。电动机试验中常用的机械负载有各种发电机、测功机等，有时也直接使用风机、水泵和其他一些机械。

对这些机械的共同要求：①额定容量和转速应符合被试电动机的要求；②吸收功率可以在一定范围内调节，以满足被试电动机对不同负载率的要求；③能与被试电动机输出轴直接连接或通过其他传动机械（如齿轮箱、传动带等）方便地连接；④负载调定后，能保持稳定运行。

1. 直流发电机负载

采用直流发电机做电动机的负载时，其额定转速应不低于被试电动机的额定转速。在相同转速下，其额定功率应不小于被试电动机额定功率的90%，但最好也不超过被试电动机额定功率的10倍，励磁应为他励。

直流电机只做试验负载时，它的输出电能可消耗在由各种电阻组成的电负载上，其电路如图1-78所示。为方便调节，负载电阻应做成分段可调式或连续可调式。

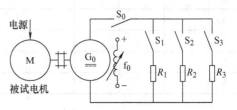

图 1-78　电阻消耗法

试验过程中，需要进行较大幅度的负载调整时，则调节负载电阻的大小；进行较小幅度的调整时，则调节直流发电机的励磁。

这种方法的优点是设备简单、投资少、操作方便；缺点是电能全部被消耗掉，造成能源的浪费；试验时电动机的转速不能太低，否则直流发电机会因发出的电压过低而造成负载过小，甚至加不上负载。

2. 由交流异步电动机转化成的交流发电机负载

由电机原理可知，当交流异步电动机转子的转速超过其同步转速，并且有励磁的情况下，则会由电动机转化成发电机。此时，转子转速超过其同步转速越多，可输出的电量也就越多。

这种性质的负载一般用于交流异步电动机的试验。其规格型号最好和被试电动机完全一致，这样，一是便于安装，二是可方便地改变两台电机的"被试"和"陪试（负载）"地位，这在要求两台电机都做试验时，可节约大量时间。若无上述条件，则可选用同转速、额定功率不小于被试电动机额定功率90%的其他异步电动机。

为异步发电机定子提供的励磁电源有三种，即电网电源、变频电源和外接电容器的自励电源。现对用电网电源励磁的异步发电机负载简单介绍如下：作为负载的异步发电机（陪试电机）和被试电动机都通过调压器由电网供电。两台电机通过传动带拖动，两个带轮的直径比为1.15~1.2，大轮安装在被试电动机上。这样，当被试电动机拖动负载电机运行时，负载电机就会以超过其额定同步转速10%~20%的转速运转而成为发电机。

调节传动带的松紧，即能改变负载电机的转速，也就改变了被试电动机负载的大小，如图1-79所示。

这种加载方式设备简单，投资少。但不易保持负载稳定，调节费时费力且不易调准。使用时应注意两个带轮要安装牢固，最好安装防护装置来防止传动带突然滑脱或崩断时对试验人员造成伤害。

3. 用绕线转子异步电动机改造成的异步发电机负载

将绕线转子异步电动机的定子绕组或转子绕组按图1-80所示的四种接线方法改接后，作为励磁绕组通入直流电进行励磁，则该电动机在外动力拖动下运行时，就变成了一台交流发电机。调节其励磁电流的大小，即能达到调节被试电动机负载的目的。该方法设备简单、易操作。但输出电能一般要消耗掉，所以常用于较小容量电动机的试验。

作为负载时，该电机与被试电动机通过联轴器对拖运行，其未加励磁的绕组接耗电负载，

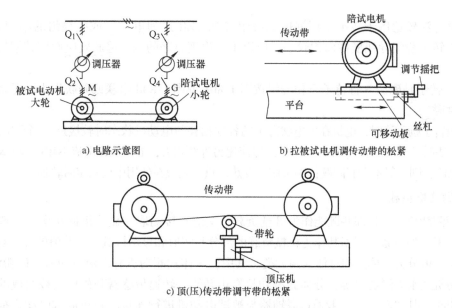

a) 电路示意图

b) 拉被试电机调传动带的松紧

c) 顶(压)传动带调节带的松紧

图 1-79 用电网电源励磁的异步发电机负载

电路原理如图 1-80e 所示。调节励磁电流的大小，即能达到调节被试电动机负载的目的。

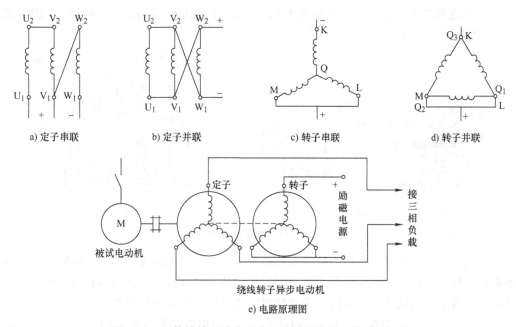

a) 定子串联　　b) 定子并联　　c) 转子串联　　d) 转子并联

e) 电路原理图

图 1-80 用绕线转子异步电动机改造成的异步发电机负载

（1）定子励磁法　将定子三相绕组按图 1-80a 或图 1-80b 串联或并联时，应注意其中有一相要反接（图中为 W 相）。此时，转子三相绕组产生感应电压并在外接电负荷时输出电能，称为定子励磁法。

这种方法接线方便，但工作时转子绕组流过电流的频率由原来电动机状态时的 1Hz 以下（即转差频率）变成了接近 50Hz，使转子铁耗和铜耗都比原来增大，从而有可能造成转子过热。

这种方法较适用于转子采用混嵌式绕组（如 YZR 系列电机）或叠绕组的小型电动机。它们由于转子绕组导线横截面积较小，所以不会出现显著的电流趋肤效应而使其铜耗增大得过多。

（2）转子励磁法 将转子三相绕组按图 1-80c 或图 1-80d 串联或并联作为励磁绕组，称为转子励磁法。

采用转子励磁法时，电机在发电状态下的各项损耗与电动机状态时较接近。当采用图 1-80c 所示的接法时，其中一相（图中为 K 相）电流比另外两相大，如果该相电流不超过该电动机转子的额定电流，则一般不会有问题；如果该相发热严重，则应在使用中设法定时轮换。

4. 测功机负载

所谓测功机，是指那些既能作为机械负载，又能直接测取和显示机械功率（一般实际显示值为转矩）的设备。根据其作为机械负载的部分与测取和显示机械功率数值的部分是否组成一个整体，可分为一体式和分体式两大类。其中，一体式测功机有涡流测功机、磁粉测功机、直流测功机及水力测功机等；分体式测功机有由转矩—转速传感器和机械负载组成的测功机等。使用时，其"转子"一般通过联轴器与被试电动机进行连接，并在被试电动机拖动下旋转，其"定子"利用轴承支承起来也可以旋转，但受与其固定连接的测力装置的限制，只能在一个很微小的角度内转动。若对精度要求较高，往往要对试验结果进行修正。

（1）涡流测功机 涡流测功机如图 1-81 所示，主要由旋转部分（感应体）、摆动部分（电枢和励磁部分）及测力部分等组成。

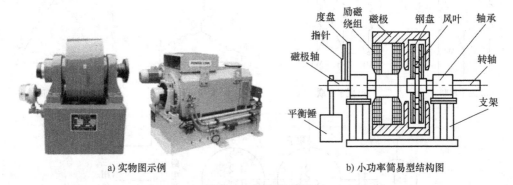

a) 实物图示例　　　　　　　　　　　　b) 小功率简易型结构图

图 1-81　涡流测功机

涡流测功机结构简单，使用方便，调节平滑、稳定，但其精度较低，工作时所有的制动转矩都将转化成热量，一方面会造成能源的浪费，另一方面是要增加散热装置。小容量涡流测功机靠自带的风扇散热，大容量涡流测功机需要采用水冷等散热装置。

（2）磁粉测功机 磁粉测功机如图 1-82 所示。它由铁磁物质做成的转子、可以转动但由于平衡锤的重力作用而不能随意转动的定子、支架及定转子气隙之间的磁粉等组成。定子由励磁绕组、铁心和导磁壳体组成。指针和平衡铁也固定在其上（平衡铁一般固定在定子机壳下部）。

磁粉测功机产生制动转矩的工作原理和磁粉制动器完全相同，只是由于定子可以偏转，因此可以通过平衡铁的力矩平衡作用得到制动转矩值。

（3）直流测功机 直流测功机是传统测功机中最常用的一种，如图 1-83 所示。直流测

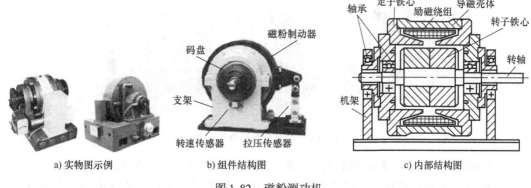

图 1-82 磁粉测功机

a) 实物图示例　　　b) 组件结构图　　　c) 内部结构图

功机实际上就是一个定子可以在支座上转动的直流电机,不同的是它多了一些测量转矩的部件。

直流测功机可以作为直流发电机运行,此时作为机械负载;也可以作为直流电动机运行,即作为其他机械设备的动力。前者用来测取外接动力的输出转矩,后者则用于测取外接设备的输入转矩。直流测功机输出的电能可用电阻负载直接消耗掉,也可以通过直流电源机组或逆变器回馈给电网。

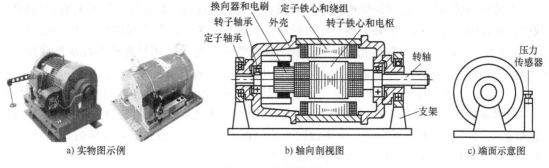

图 1-83 直流测功机

a) 实物图示例　　　b) 轴向剖视图　　　c) 端面示意图

直流测功机的精度高,操作方便,输出电能可以回收,节约了能源,但其结构复杂,造价高,投资较大,使用中维护量也较大。

(4) 水力测功机　从一定意义上来讲,水力测功机就是一个涡轮水泵,只是由于要设置外壳旋转支架和测力装置等,使其结构更加复杂。图 1-84 所示为三种型号的水力测功机外形示例。这种测功机采用通过阀门改变其泵水量的方法来改变所需的输入功率,或者说产生制动转矩。

这种测功机的最大优点是不需要电网的支持,更不需要其他电源及组合控制柜等复杂的配电设备,过载能力较强,故障相对较少。其缺点是将被试电动机输出的功率全部被消耗掉,需要使用水资源,若功率较大,为了节约用水,则需要建立一个较大的循环水系统。

(5) 转矩—转速传感器与机械负载组成的分体式测功机　由一台转矩—转速传感器与一套机械负载设备组成的测功机,称为分体式测功机。这种测功机因具有结构简单、组成容易、使用方便、精度较高(可达到 0.2 级或 0.1 级)和价格较低(和其他传统的测功机相

图 1-84　水力测功机外形示例

比）等较多优势，越来越多地被采用，是现代电机试验测功设备的首选。

1）转矩—转速传感器。根据产生转矩信号的原理不同，转矩—转速传感器主要有电位差式（如国产 ZJ 型、NJ 型等）和应变元件式（如国产 JN338 型等）两大类，如图 1-85 所示。另外，当精度要求较高时，往往需要对结果进行修正。

对于转矩—转速传感器，在搬运和安装时应轻拿轻放，防止磕碰和撞击，特别是两个轴伸更应格外注意。安装联轴器时，用力应顺其转轴的轴向方向，另一端要抵在木质物体上，以防止损伤转轴和轴承。建议将一种规格的传感器与其配套的被试电动机和负载机械装置的联轴器设计成外形相同的尺寸，将传感器用的半联轴器与轴的配合设计成过渡配合，用热套的方式将联轴器固定安装在传感器轴上。

当转矩—转速传感器和被试电动机及机械负载三者连接时，应尽可能使其具有较高的同轴度；装在传感器上的两个联轴器应尽可能地轻，和另一半联轴器之间应留有 2～3mm 的间隙，必要时该间隙可用胶皮填充；对两端联轴器的连接，建议采用软绳或弹性齿形橡皮圈、圆形胶圈柱销等具有一定弹性的方式，以减少因少量的同轴度误差对测量精度的影响。

2）机械负载设备。原则上来讲，任何能与传感器配套的机械设备都可作为机械负载使用。但因试验时一般都要求负载可调，有时还需堵转，甚至反转（如测试电动机的 $T-n$ 曲线试验时），所以不要求反转时，常用他励直流电机或磁粉制动器；需要反转时，则必须使用他励直流电机，并由可调压和改极性的直流电源供电。

图 1-86 所示为由转矩—转速传感器与一台 Z4 型直流电机和一台磁粉制动器（通过一台减速箱来适应高速加载）组成的电机试验测功系统。

5. 制动器负载

（1）磁粉制动器　磁粉制动器由装有直流励磁绕组的定子、铁磁材料做成的转子，以及填充在定转子气隙之间的高导磁材料（如磁粉）组成，如图 1-87 所示。

这种机械负载使用方便，特别适用于较小容量的低转速试验。在容量较大时，应采取有效的散热措施，一般采用水冷散热，但这会使设备复杂化，并要消耗一定的水资源；另外，其高速性能不太稳定，使用较长时间后，磁粉会因摩擦产生板结现象而使制动能力下降。

（2）涡流制动器　涡流制动器的定子与磁粉制动器基本相同，其铁心上有励磁线圈，通入直流电而产生磁场；转子一般由钢质材料制成，呈圆柱状，如图 1-88 所示。转子被拖动旋转后，切割定子产生的磁力线，在其中产生涡流（在转子中自成闭合回路的电路中形成的环形电流），该电流与定子磁场相互作用，产生制动转矩，给被试电动机加负载。通过调节定子励磁线圈的电流大小来调节制动转矩的大小。

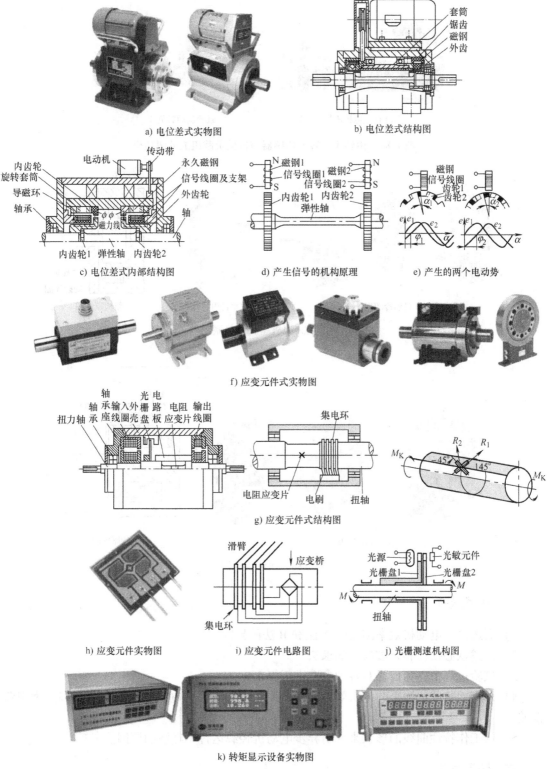

a) 电位差式实物图　　　　b) 电位差式结构图

c) 电位差式内部结构图　　d) 产生信号的机构原理　　e) 产生的两个电动势

f) 应变元件式实物图

g) 应变元件式结构图

h) 应变元件实物图　　i) 应变元件电路图　　j) 光栅测速机构图

k) 转矩显示设备实物图

图 1-85　转矩—转速传感器

a) 直流电机负载　　　　　　　　b) 磁粉制动器负载

图 1-86　由转矩—转速传感器与机械负载组成的测功机

a) 自然冷却型　　　　　b) 双水冷内冷却型　　　　c) 结构原理图

图 1-87　CZ 型机座式磁粉制动器

a) 实物图　　　　　　　　　　b) 结构原理图

图 1-88　涡流制动器

五、任务思考

1）简述异步电动机效率测定时 A 法和 B 法的异同。

2）简述铁心损耗和杂散损耗的求法。

3）试验过程中，为何要对各种参数进行修正？

4）由直接负载法测得的电机效率和用损耗分析法求得的电机效率各会由哪些因素引起误差？

5）从工作特性曲线的形状来说明异步电动机轻载运行不经济的原因。

六、任务反馈

任务反馈主要包括试验报告和考核评定两部分，具体见附录。

任务七 振动测定试验

一、任务描述

振动是衡量电机性能的重要指标，有必要对其进行振动测定试验，并做好其科学保养和维护工作。

现有一台普通笼型异步电动机，型号为 Y2 - 100L1 - 4，试利用给定的试验台对此电动机进行振动测定试验，具体要求如下：

1) 了解电动机振动测定试验的基本要求及安全操作规程。

2) 掌握电动机振动测定试验常用仪表、仪器和设备的正确使用方法。

3) 对给定的异步电动机进行振动测定试验，能正确接线和通电，并测定对应的振动值，最后计算或换算得到相应的振动值。

4) 根据测量（或换算）得到的振动值，判断给定电动机的振动是否达标。

二、任务资讯

（一）振动测定试验仪器

在电机型式试验中，测量其振动速度有效值和振动振幅值的仪器称为振动测试仪，简称测振仪。就其所用的传感元件与被测部位的接触方式来分，有靠操作人员的手力接触和磁力吸盘吸引两种；按结构形式来分，有分体式和组合式两种。一般测振仪都能够同时测量电机的振动振幅（单振幅或双振幅，单位为 mm 或 μm）、振动速度（有效值，单位为 mm/s）和振动加速度（有效值，单位为 m/s²）。

现用的大部分测振仪都具有数据存储功能，并有与计算机通信的接口。有些类型的测振仪具有频谱显示和分析功能，能够显示各段频率范围内的振动值。振动测试仪外形如图 1-89 所示。

图 1-89　振动测试仪外形示例

测振系统由传感器、测振仪和记录器等组成。传感器是将被测振动体的振动参量（如位移、速度、加速度）转换成适当的电量或参数以便测量；测振仪是将传感器送来的被测信号按不同的具体情况经过一定的放大、积分或微分等处理，供给指示器直接显示出振动参量（位移、速度和加速度值），或通过输出电路送给示波器或记录仪进行记录和分析。

（二）振动测试辅助装置

在实际测量电机的振动时，还需要一些辅助装置，包括与轴伸键槽配合的半键、弹性安装装置（如弹性垫和过渡板等）和刚性安装装置（如平台等）等。

1. 半键

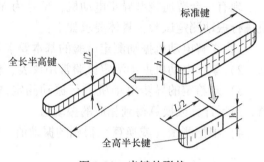

对轴伸带键槽的电机，如无专门规定，测量振动时应在轴伸键槽中填充一个半键。半键可理解成高度为标准键一半的键或长度等于标准键一半的键。前者简记为"全长半高键"，后者简记为"全高半长键"，如图 1-90 所示。

应当注意的是，配用这两种半键所测得的振动值是有差别的。因为全长半高键与调电机转子动平衡时所用的半键相同，所以在

图 1-90 半键的形状

没有特殊说明的情况下，一般应采用全长半高键，全高半长键只在某些特殊情况下使用，如在用户现场需要测量振动，但没有加工全长半高键的能力时。

2. 弹性安装装置

弹性安装是指用弹性悬挂或支承装置将电机与地面隔离开，标准 GB/T 10068—2008 中称其为"自由悬置"。

（1）材料种类　弹性悬挂采用弹簧或强度足够的橡胶带等。弹性支承可采用乳胶海绵、胶皮或弹簧等。为了保证电机安装稳定和压力均匀，弹性材料上可加放一块有一定刚度的平板。但应注意，该平板和弹性材料的总质量不应大于被试电机质量的 1/10。

（2）尺寸　标准中没有规定弹性支承海绵、胶皮垫和刚性过渡平板的尺寸要求，但在使用中，建议按 GB/T 10069.1—2006 中的相关要求，即按被试电机投影面积的 1.2 倍裁制，或简单地按被试电机的长度 b（不含轴伸长）和宽度 a（不含设在侧面的接线盒等）各增加 10%，作为它们的长度与宽度进行裁制，如图 1-91 所示。

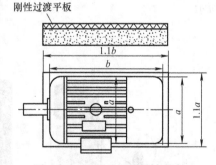

（3）弹性安装装置的伸长量或压缩量　在弹性安装状态下测量的电机振动值，与弹性安装装置的伸长量或压缩量有直接关系，但标准中没有直接给出其规定值。而是规定：电机在规定的条件下运转时，电机

图 1-91 测振动用弹性支承件

及其自由悬置系统沿 6 个可能自由度的固有振动频率应小于被试电机相应转速频率的 1/3。

这种描述，对于一般操作人员是很难理解的。为了使读者理解上述规定，下面将通过理论推导，得出在电机安装好后，弹性支承装置压缩量的最小值 $\delta(\text{mm})$ 与其额定转速 $n_\text{N}(\text{r/min})$ 的关系。

1）电机及其自由悬置系统沿 6 个可能自由度的固有振动频率用 f_0（Hz）表示，应用下述理论公式求出：

$$f_0 = \frac{1}{2\pi}\sqrt{\frac{K}{m}} \tag{1-130}$$

式中，K 为弹性材料的弹性模量；m 为振动系统的质量（kg）。

2）弹性材料的弹性模量 $K = mg/\delta$，其中 g 为重力加速度，取 $g = 9800\,\text{mm}/s^2$；δ 为电机安装后弹性材料的压缩量（mm）。将这些关系式和数据代入式(1-130)中，可得出

$$f_0 = \frac{1}{2\pi}\sqrt{\frac{K}{m}} = \frac{1}{2\pi}\sqrt{\frac{mg}{\delta}} = \frac{1}{2\pi}\sqrt{\frac{g}{\delta}} = \frac{1}{2\pi}\sqrt{\frac{9800}{\delta}} = 15.76\sqrt{\frac{1}{\delta}} \tag{1-131}$$

3）被试电机相应转速频率 f_N（Hz）用式(1-132)求取：

$$f_N = \frac{n}{60} \tag{1-132}$$

式中，n 为电机的转速（r/min）。

4）根据标准中"电机及其自由悬置系统沿 6 个可能自由度的固有振动频率应小于被试电机相应转速频率的 1/3"的要求，有

$$f_N \geq 3f_0 \tag{1-133}$$

5）通过式(1-132)和式(1-133)，得出压缩量 δ（mm）与被试电机相应转速 n（r/min）的关系为

$$\delta \geq 8.047 \times 10^6 \frac{1}{n^2} \tag{1-134}$$

这就是当电机安装好后，弹性悬挂或支承装置的伸长量或压缩量 δ（mm）与其转速 n（r/min）的关系。

6）若 $f_N \geq 4f_0$，则式(1-134)改为

$$\delta \geq 14.31 \times 10^6 \frac{1}{n^2} \tag{1-135}$$

标准 GB/T 10068—2008 规定：根据被试电机的质量，悬置系统应具有的弹性位移与转速的关系如图 1-92 所示。

实际上，图 1-92a 是根据式(1-134)绘出的。表 1-34 给出了几对常用值，使用中的其他转速可用式(1-134)计算求得。

表 1-34　测量振动时弹性安装装置的最小伸长量或压缩量

电机额定转速 n_N/(r/min)	600	720	750	900	1000
最小伸长量或压缩量 δ/mm	22.4	15.5	14.5	10	8
电机额定转速 n_N/(r/min)	1200	1500	1800	3000	3600
最小伸长量或压缩量 δ/mm	5.5	3.5	2.5	0.9	0.6

标准 GB/T 10068—2008 中没有规定最大伸长量或最大压缩量，但按旧标准 GB/T 10068—2008 的规定，若使用乳胶海绵作为弹性垫，则其最大压缩量为原厚度的 40%。

另外，标准 GB/T 10068—2008 中规定：低于转速 600r/min 的电机，使用自由悬置的测

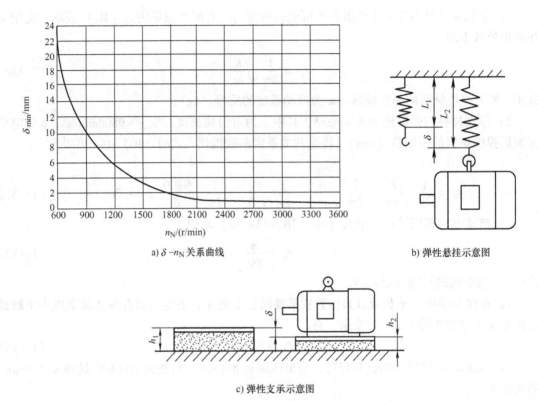

a) $\delta - n_N$ 关系曲线　　　　b) 弹性悬挂示意图

c) 弹性支承示意图

图 1-92　弹性悬挂或支承装置的伸长量或压缩量的最小值 δ 与其额定转速 n_N 的关系

量方法是不实际的。对于转速较高的电机，静态位移应不小于转速为 3600r/min 时的值。

3. 刚性安装装置

刚性安装装置应具有一定的质量，一般应大于被试电机质量的 2 倍，并应平稳、坚实。

在电机底脚上，或在座式轴承或定子底脚附近的底座上，在水平与垂直两方向测得的最大振动速度应不超过在邻近轴承上沿水平或垂直方向所测得的最大振动速度的 25%。这一规定是为了避免试验安装的整体在水平方向和垂直方向的固有频率处于下述范围内：① 电机转速频率的 10%；② 2 倍旋转频率的 5%；③ 1 倍和 2 倍电网频率的 5%。

(三) 电机振动的理论限值

1. 振动烈度限值

振动烈度限值适用于在符合规定频率范围内测得的振动速度、位移和加速度的宽带方均根值。用这三个测量值的最大值来评价振动强度。如果检查试验是在自由安装条件下做的，则型式试验必须包括在刚性情况下的试验。对于转速为 600 ~ 3600r/min 的电机，一般检查试验时只需测量振动速度。

如果按规定的两种安装条件进行试验，GB/T 10068—2008 中规定的轴中心高≥56mm 的直流和交流电机的振动烈度限值见表 1-35：振动等级分两种，如未指明振动等级，则应符合等级 A 的要求；等级 A 适用于对振动无特殊要求的电机，等级 B 适用于对振动有特殊要求的电机（轴中心高小于 132mm 的电机不考虑刚性安装）；位移、速度与加速度的接口频率分别为10Hz、10Hz和250Hz；以相同机座带底脚卧式电机的轴中心高作为机座无底脚电机、底脚朝上安装式电机的轴中心高。表1-36所列为普通小功率交流电动机振动烈度限值，表中的异步电动机应为铁壳或铝壳结构。表1-37所列为小功率交流换向器电动机振动烈度限值，表中电动机要求以额定转速空载运行。

表1-35　GB/T 10068—2008 规定的电机振动烈度限值

振动等级	轴中心高 H/mm	$56 \leqslant H < 132$			$132 \leqslant H \leqslant 280$			$H > 280$		
	安装方式	位移/μm	速度/(mm/s)	加速度/(m/s²)	位移/μm	速度/(mm/s)	加速度/(m/s²)	位移/μm	速度/(mm/s)	加速度/(m/s²)
A	自由悬挂	25	1.6	2.5	35	2.2	3.5	45	2.8	4.4
	刚性安装	21	1.3	2.0	29	1.8	2.8	37	2.3	3.6
B	自由悬挂	11	0.7	1.1	18	1.1	1.7	29	1.8	2.8
	刚性安装	—	—	—	14	0.9	1.4	24	1.5	2.4

表1-36　GB/T 5171.1—2014 规定的普通小功率交流电动机振动烈度限值

电动机类型	三相同步和异步电动机	单相同步和异步电动机
振动速度有效值/(mm/s)	1.8	2.8

表1-37　GB/T 5171.1—2014 规定的小功率交流换向器电动机振动烈度限值

额定转速/(r/min)	定子铁心外径/mm	
	≤90	>90
	振动速度有效值/(mm/s)	
≤4000	1.8	2.8
>4000 ~ 8000	2.8	4.5
>8000 ~ 12000	4.5	7.1
>12000 ~ 18000	11.2	11.2
>18000	在相应标准中规定	

2. 交流电机2倍电网频率振动速度的限值

二极交流电机在2倍电网频率时可能会产生电磁振动。为了正确评定这部分振动分量，要求电机遵循前面所讲内容的规定，进行刚性安装。

对轴中心高>280mm的二极电机，当型式试验证明2倍电网频率占主导成分时，表1-35中的强度限值（对于等级A）将从2.3mm/s增加到2.8mm/s。更大的振动限值应依据预先签订的协议。当型式试验证明振动限值大于2.3mm/s时，2倍电网频率被认为占主导成分。

（四）振动试验的测定方法

1. 电机安装

按有关要求选择安装方式和安装装置。对于刚性安装，电机应紧固在安装装置上，并避免因紧固力不均、安装平面不平等原因造成附加振动。

（1）立式电机　对于V1型立式电机，应将电机安装在一个专用的台架上，多数为一个坚固的长方形或圆形钢板,该钢板对应于电机轴伸中心孔,带有精加工的平面与被试电机法兰相配合并攻螺纹以连接法兰螺栓。钢板的厚度应至少为法兰厚度的 3 倍,5 倍更合适。钢板相对直径方向的边长应至少与顶部轴承和钢板之间的距离 L 相等,如图 1-93 所示。

安装基础应夹紧且牢固地安装在坚硬的基础上,以满足相应的要求。法兰连接应使用合适数量和直径的紧固件。

(2) 卧式电机 对于 B5 型卧式电机,当电机较小时,可直接放在海棉垫上;电机较大时,建议将其放在一个合适的 V 形支架上,支架与电机之间应加垫海棉或胶皮等物质以减少附加振动,如图 1-94 所示,也可采用弹性悬挂的方法。

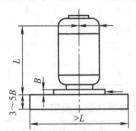

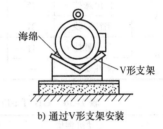

a) 直接放在海绵垫上　　b) 通过 V 形支架安装

图 1-93　立式(V1 型)电机的安装　　　图 1-94　卧式(B5 型)电机的安装

对于其他卧式电机,可以直接安装在坚硬的底板上或通过安装平板安装在坚硬的底板上。

2. 半键安装

将合适的半键全部嵌入键槽内。当使用全高半长键时,应将半键置于键槽轴向中间位置,然后用特制的尼龙或铜质套管将半键套紧在轴上。没有这些专用工具时,可用胶布等材料将半键绑紧在轴上,如图 1-95 所示。固定半键时必须绝对可靠,以免高速旋转时将其甩出,造成安全事故。

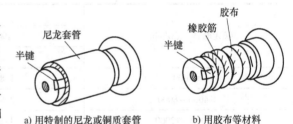

a) 用特制的尼龙或铜质套管　　b) 用胶布等材料

图 1-95　半键的形状及安装要求

3. 电机的运行状态

如无特殊规定,电机应在无输出的空载状态下运行。试验时的限定条件见表 1-38。

表 1-38　电机振动测定试验的运行条件

电机类型	振动测定试验时的运行条件
交流电动机	加额定电压和额定频率
直流电动机	加额定电枢电压和适当的励磁电流,使电动机达到额定转速。推荐使用波纹系数小的整流电源甚至纯直流电源
多速电动机	分别在每一个转速下运行和测量。检查试验时,允许在一个产生最大振动的转速下运行
变频调速异步电动机	在整个调速范围内进行测量或在通过试测找到最大振动值的转速下进行测量。试验中往往用现场与电动机一起安装的变频器供电
发电机	可以用电动机方式在额定转速下空载运行;若不能以电动机方式运行,则应在其他动力的拖动下,使转速达到额定值空载运行
双向旋转电机	振动限值适用于任何一个旋转方向,但只需要对一个旋转方向进行测量

4. 测量点的选择

（1）带端盖式轴承的电机　对于带端盖式轴承的电机，测量点的位置如图 1-96a 所示。这是中小型电机常用的一种测量点布置方法。对于第⑥点，若因电机该端有风扇和风扇罩而无法测量，而该电机又允许反转，则可将第⑥点反转后在第①点位置测取数据代替。

（2）带座式轴承的电机　对于具有座式轴承的电机，测量点的布置如图 1-96b 所示。

a) 带端盖式轴承的电机测量点　　　　　b) 带座式轴承的电机测量点

图 1-96　振动测量点布置示意图
①—轴向　②、⑤—水平　③、④—竖直　⑥—反转

5. 测量结果的确定

1）一般情况下，以所测数据中的最大值作为该电机的振动值。

2）交流异步电动机，特别是二极交流异步电动机，常常会出现 2 倍转差频率振动速度拍振，在这种情况下，振动烈度（速度有效值）为

$$V_{\mathrm{r.m.s}} = \sqrt{\frac{1}{2}(V_{\max}^2 + V_{\min}^2)} \tag{1-136}$$

式中，$V_{\max}$ 为最大振动速度的有效值；$V_{\min}$ 为最小振动速度的有效值。

三、任务实施

对给定的异步电动机进行振动测定试验时，具体试验步骤如下：

（1）接线测试

1）穿戴好劳动保护用品，清点器件、仪表、电工工具等并摆放整齐。本任务试验所需的常用仪器、仪表和设备见附录 B。

2）将异步电动机固定在合适的钢板上并保证紧固，以避免造成附加振动，如图 1-97 所示。

3）将合适的半键嵌入键槽内，然后用特制的尼龙或铜质套管或胶布将半键套紧在轴上，必须紧固牢靠。

4）通电，让电动机在额定电压和额定频率下空载运行。

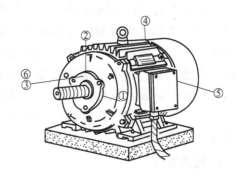

图 1-97　笼型异步电动机振动测定试验示意图
①—轴向　②、⑤—水平　③、④—竖直　⑥—反转

5）分别在不同位置（见图 1-98 中标号所示）测量电动机的振动，以振动测定量为振动速度有效值（mm/s）为例，共测量 6 个点，其中第⑥点为反转后轴伸端沿轴向的测点，把实测试验数据填入表 1-39 中。

表 1-39 异步电动机振动测定试验数据记录表

测点序号	1	2	3	4	5	6
速度有效值/(mm/s)						
振动试验结果/(mm/s)						

（2）数据分析 根据表 1-39 中记录的试验数据，取其中最大的测量值作为最终试验结果，并把结果填入表 1-39 中。

四、任务拓展

噪声测试仪的使用方法如下。

1. 有关说明

在电机试验中，用来测量噪声的仪器称为噪声测试仪。按照使用类型来分，主要有检测用、分析用、研究用和校准用几大类；按照所测试的物理量来分，主要有声级计和声强仪等。其中，常用的噪声测量仪器有声级计、频谱分析仪、电平记录仪、计算机振动噪声测量仪等。

常用声级计的外形如图 1-98 所示。声级计分为普通级和精密级两种，它是由传声器、放大器、衰减器、频率计权网络和有效值检波及指示表头等部分组成的，声压信号通过传声器转换成电压信号，经过放大器放大后，再通过频率计权网

图 1-98 常用声级计外形图

络，在表头上显示分贝值。衰减器分三组并嵌入各级放大器之间，其作用是在各级放大器达到最大信号输入时，得到近似相同的动态范围。

当利用人的感官不能分辨产生噪声的原因或需要对电机各部分所产生噪声的数值进行分析时，需要使用可测出各种频率下噪声级数值的分析仪器——噪声频谱分析仪。老式系统由一套滤波器和一台记录仪组成。用于分析电机噪声时，一般选用 1/3 倍频程或倍频程滤波器，也可选用信号数字分析仪。现用设备大部分是在声级计上附加一套频谱分析和记录显示软件，并利用显示器来显示频谱分析曲线和相关数据。图 1-98 中的声级计有些就属于一体式的多功能型，图 1-99 所示为微机型噪声频谱分析仪和多功能型噪声频谱分析仪。

2. 使用方法

在实际测量电机振动时，还需要使用一些辅助装置，包括弹性安装装置（如弹性垫和过渡平板等）和刚性安装装置（如平台等）等。其有关要求和振动试验设备基本相同，只是可不用半键。

a) 微机型噪声频谱分析仪

b) 多功能型噪声频谱分析仪

图 1-99　噪声频谱分析仪

在测量噪声时，需要有一个符合要求的测试场地（声学中称为声场，按严格要求，应为半自由声场或类半自由声场）。

如无特殊规定，电机应处于无输出的空载运行状态，并在可产生最大噪声的情况下运行。对于交流电动机，应在额定电压和额定频率保持不变的条件下空载运行。

若采用半球面法，则应将电机安放在测量场地的中心位置，以电机在地面上的垂直投影中心为球心，想象出一个向下扣着的半球，测量点即在这个半球的表面上。测试时，声级计测头距地面250mm，并使其轴线对准半球的球心。测量点数一般为5个，其具体位置如图1-100a所示。有必要时，应在测试报告中给出该布置图。

若采用平行六面体法，则可以想象将被试电机放在一个长方形的包装箱内，该包装箱的底面就是安放被试电机的地面（或其他安装面），四壁和顶面作为一个整体的"罩子"，所有测量点将布置在这个长方形的罩子上。各测量点与被试电机表面之间的距离均为1m。对于尺寸较小的电机，可在其前、后、左、右及正上方各设置一个测量点，距地面的高度为电机的轴中心高加弹性支承的高度，且最低为250mm，如图1-100b所示。

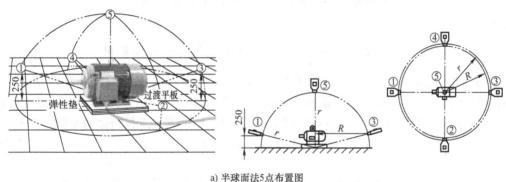
a) 半球面法5点布置图

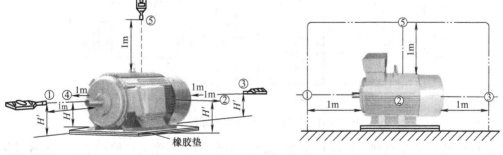
b) 平行六面体法5点布置图

图 1-100　电机噪声级测量点布置图

设试验环境的背景噪声为 L_H，试验测量值为 L_T，$\Delta L = L_T - L_H$。当 $\Delta L > 10dB$ 时，不必修正；当 $\Delta L < 4dB$ 时，测量无效，应设法降低背景噪声后重新进行试验；当 $4dB \leqslant \Delta L \leqslant 10dB$ 时，应从试验测量值 L_T 中减去一个修正值 K_1，K_1 的计算公式为

$$K_1 = 10\lg\left(1 - \frac{1}{10^{0.1\Delta L}}\right) \tag{1-137}$$

式中，ΔL 为环境噪声（较低的一个声级）低于测量值（合成的声级）的数值（dB）；K_1 为修正值（dB），即从测量值中减去的数值。

把 ΔL 取特殊点代入式(1-137)，得到的值见表 1-40。当为非整数时，可通过差值法求取，或用表 1-40 提供的几个点绘制一条曲线，然后从曲线上查取。

表1-40　试验环境的背景噪声影响的修正值 K_1

ΔL/dB	4	5	6	7	8	9	10
修正值 K_1/dB	2.2	1.7	1.3	1	0.8	0.6	0.4

例如，试验环境的背景噪声 $L_H = 65dB$，试验测量值 $L_T = 71dB$，即 $\Delta L = L_T - L_H = 6dB$，由表 1-40 可查得修正值为 1.3dB。则该点的实际噪声值为 $L = L_T - K_1 = 71dB - 1.3dB = 69.7dB$。

若需要进一步转换成声功率级 L_W，则其简化的转换公式为

$$L_W = L_P + 10\lg\frac{S}{S_0} \tag{1-138}$$

式中，S_0 为基准面面积（m^2），$S_0 = 1m^2$；S 为测量声压时所用包络面的面积（m^2）。

对于半球面法，因其半径为 1m，所以半球面的面积为

$$S = 4\pi R^2/2 = 2\pi R^2 = 2 \times 3.14 \times 1^2 m^2 = 6.28m^2$$

于是得到

$$L_W = L_P + 10\lg\frac{S}{S_0} = L_P + 10\lg\frac{6.28}{1}dB \approx L_P + 8\ dB$$

对于平行六面体法，如图 1-101 和图 1-102 所示，设被试电机的长（不含轴伸）、宽（不含侧面的接线盒）、高（不含顶面的接线盒）分别为 L、M、H，测点与电动机表面之间的距离均为 1m，并设 $a = L + 2$，$b = M + 2$，$c = H + 1$。则该测量点包络面的面积为

$$S = 2c(a + b) + ab \tag{1-139}$$

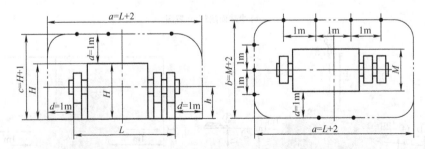

图1-101　平行六面体法尺寸标注示意图

表 1-41 给出了 Y 系列（IP44）及 Y2 系列（IP54）中小型电机使用平行六面体法测量包络面时，声功率级和声压级之间差值的计算平均值（误差为 ±0.1dB），即为式(1-138)中的 $10\lg(S/S_0)$。

表 1-41　用平行六面体法测量噪声时声功率级和声压级之间的差值

电机中心高/mm	250	280	315	355	400	450	500
$10\lg(S/S_0)/dB$	12	12.5	13	13.5	14	14.5	15

3. 注意事项

1）电机的安装有弹性安装和刚性安装两种方式。标准中提出：较小电机可采用弹性安装方式；较大电机通常只能在刚性安装条件下进行试验。

2）安装时，应尽量减少由包括基础在内的所有安装部件产生结构噪声的辐射和传递。

3）相关标准中提到：推荐轴中心高不大于 180mm 的电机采用半球面法；轴中心高大于 355mm 的电机采用平行六面体法；

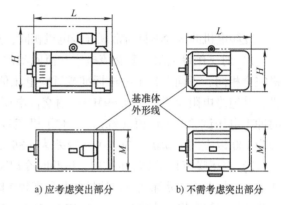

a) 应考虑突出部分　　b) 不需考虑突出部分

图 1-102　电机尺寸确定示意图

介于两者之间的电机可任选一种方法。这里建议，对于机座号（或轴中心高，下同）为 225mm 及以下、长度不超过 1m 的电机，应采用半球面法。

4）对于轴中心高在 225mm 及以下的电机，声级计测头距地面高度为 0.25m；对于轴中心高在 225mm 以上的电机，声级计测头距地面高度为被测电机的轴中心高，但是不得低于 0.25m。

5）对于较大的电机，可以适当增加测量点数目。特别是当按上述测量点布置方式进行测量，出现两相邻测量点的测量值相差超过 5dB 的情况时，应在这两点之间另加一点。对于半球面法，所加点的位置如图 1-103a 所示；对于平行六面体法，应加在原两点的中间位置或长方形地面的顶点位置，如图 1-103b 所示。加点的多少以达到两相邻点的测量值之差小于 5dB 为准。

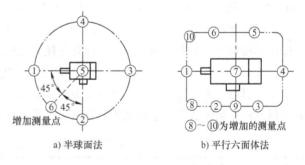

a) 半球面法　　b) 平行六面体法

图 1-103　增加测量点的位置

五、任务思考

1）简述笼型异步电动机振动测定试验的过程。

2）简述笼型异步电动机噪声测定试验的过程。

六、任务反馈

任务反馈主要包括试验报告和考核评定两部分，具体见附录。

项目二 变频电机试验

变频电机的试验项目与常规异步电机相同，只是在某些环节的要求有所增加，具体如下：

1）对于绝缘电阻、耐交流电压和匝间耐冲击电压三个试验，其测试方法与常规异步电机完全相同，不同点在于考核标准或试验电压值。对于额定电压为 380V 的变频调速异步电机，其绝缘电阻应不低于 0.69MΩ；耐交流电压试验的电压值为 2380V，时间为 1min；匝间耐冲击电压试验的电压值（峰值），对于机座号为 100 及以下的电动机为 3300V，对于机座号为 100 以上的电动机为 3670V（容差为 ±3%，波前时间为 0.5μs）。

2）对于噪声和振动测定试验，试验时冷却风机处于运行状态。在变频电源供电的情况下，测量额定频率或产品标准规定的最低及最高频率时的噪声值或最大振动速度有效值。有关试验方法的规定同常规异步电机。标准 JB/T 7118—2014 规定，分别在 20Hz、50Hz 和 100Hz 三点频率（有要求时可增加其他频率点）下空载运行并测定电机的最大噪声值或振动值。

3）对于超速试验，标准 GB/T 22670—2018 规定，试验时将电动机的转速提高到 1.2 倍最高工作转速或各类型电动机标准中规定的转速或最高转速，空载运行 2min。标准 JB/T 7118—2014 规定，电动机加额定电压，4kW 及以下的频率为 150Hz，4kW 以上的频率为 120Hz，空载运行 2min 后，不得发生有害变形。

4）对于损耗测定试验，GB/T 22670—2018 中提出的"基波损耗的确定"与普通电源供电的电动机完全相同。需要注意的是，关于推荐杂散损耗数值的规定应按电动机的功率大小取不同的数值，详见前面相关章节。另外，GB/T 22670—2018 中还提出了谐波损耗问题，并提出总损耗 $\sum P$ 为基波损耗 P_T 与谐波损耗 P_{bh} 之和，即

$$\sum P = P_T + P_{bh} \tag{2-1}$$

本项目以变频调速异步电动机为研究对象进行相关试验，主要讲述几个重要的试验项目，如空载试验、堵转试验、温升试验和负载试验等，项目所用到的部分试验标准见表 2-1。

表 2-1 变频电机试验标准（部分）

序号	标准编号	标准名称
1	JB/T 7118—2014	YVF2 系列（IP54）变频调速专用三相异步电动机技术条件（机座号 80~355）
2	GB/T 22670—2018	变频器供电三相笼型感应电动机试验方法

任务一 空载特性试验

一、任务描述

现有一台变频调速异步电动机，型号为 YVP-100L1-4，试利用给定的试验台对此电动机进行空载特性试验，具体要求如下：

1）了解变频调速异步电动机空载特性试验的基本要求及安全操作规程。

2）掌握变频调速异步电动机空载特性试验常用仪表、仪器和设备的正确使用方法。

3）对给定的变频电动机进行空载特性试验，能正确接线和通电，初步检查电动机运转的灵活情况，观察电动机有无异常噪声和较强的振动。

4）对给定的变频电动机在正弦波电源下以基波频率进行空载特性试验，能正确接线和通电，测定电动机在空载时的电压 U_0、输入功率 P_0、空载电流 I_0 和端电阻 R_0，并求取电动机在额定电压时的铁心损耗 P_{Fe} 和额定转速（严格地讲是空载转速）时的机械损耗 P_m。

5）对给定的变频电动机在变频器电源下以基波频率进行空载特性试验，能正确接线和通电，测定电动机在空载时的电压 U_{b0}、输入功率 P_{b0}、空载电流 I_{b0} 和端电阻 R_{b0}，并求取电动机在额定电压时的谐波损耗 P_{bh}。

二、任务资讯

（一）变频调速的基本原理

根据电机学原理，交流异步电动机的转速可表示为

$$n = \frac{60f}{p}(1 - s) \tag{2-2}$$

式中，n 为电动机的转速（r/min）；p 为电动机磁极对数（注意不是极数）；f 为电源频率（Hz）；s 为转差率，$0 < s < 1$。

由式(2-2)可知，影响电动机转速的因素有磁极对数 p、转差率 s 和电源频率 f。对于给定的电动机，磁极对数 p 一般是固定的；通常情况下，转差率 s 对于特定负载来说是基本不变的，并且其可以调节的范围较小，加之转差率 s 不易直接测量，故通过调节转差率来调速在工程上并未得到广泛应用。如果电源频率可以改变，那么通过改变电源频率来实现交流异步电动机调速的方法应该是可行的，这就是所谓的变频调速。

三相异步电动机的定子相电动势有效值的表达式为

$$E_1 = 4.44 f_1 N_1 K_{dp1} \Phi_m \tag{2-3}$$

式中，E_1 为相电动势有效值（V）；Φ_m 为每极磁通（Wb）；f_1 为定子电源频率（Hz）；K_{dp1} 为绕组系数；N_1 为定子每相总匝数。

对交流异步电动机来说，在对其速度进行调节时，理想的情况是保持电动机的主磁通 Φ_m 为一恒定值。如果通过过大的磁通，则会在电动机内部产生幅值很高的励磁电流，定子电流分流到负载的量会受到限定，甚至会由于绕组温度超过电动机的耐热等级而造成电动机损坏，以致要通过降低负载能力来使电动机不过热；如果通过过小的磁通，则铁心将得不到充分利用，在转子电流相同的情况时，电磁转矩不够大，会影响电动机的负载能力，使其降低。

由式(2-3)可知，为保证恒等式中的 Φ_m 不变，在频率发生改变的同时需要相应地改变 E_1，即控制好 E_1 和 f。下面分为两种情况进行分析，这样做是因为要考虑异步电动机额定频

率和额定电压的制约，其 *U/f* 控制特性如图 2-1 所示。

1. 基频以下时的调速

从式 (2-3) 可以得出，当以额定频率 f_{1N} 为起始将频率 f_1 调小时，应该保证 Φ_m 不变以维持电动机负载能力，且需要同时使 E_1 变小，即保证

$$\frac{E_1}{f_1} = 常数 \tag{2-4}$$

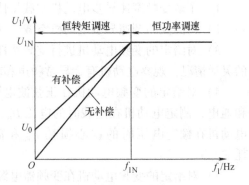

图 2-1 异步电动机 *U/f* 控制特性

也就是恒定电动势/频率比的控制方式，这种控制方法的最大优点是绕开了定子绕组感应电动势的测量，可实现转速开环控制，简化了控制结构。但在实际操作中，直接检测控制绕组中的感应电动势难度很大。所以在电动势幅值较大的情况下，可以认定定子相电压 $U_1 = E_1$。其前提是定子绕组中的漏磁阻抗压降可以不被计入，则得

$$\frac{U_1}{f_1} = 常数 \tag{2-5}$$

这就是恒定电压/频率比的控制方式。

在频率较低的区域，由于 U_1 和 f_1 很小，需要考虑定子阻抗上的电压降占据的比例，为了补偿定子压降以达到近似的效果，可以人为地提高 U_1，以保持电磁转矩基本恒定。

2. 基频以上时的调速

当电源频率高于一定频率时，受到电动机绕组绝缘强度、电源利用率和系统供电的影响，电动机绕组相电压并不能按比例增加而是保持不变，此时相电流基本保持不变，即电动机的输入功率基本保持不变，所以该区间也称恒功率区。不难理解，此时铁心处于弱磁状态，电磁力矩不足，电动机的带载能力下降，机械特性变软。

（二）变频电动机的基本结构

变频调速异步电动机一般要安装一个单独供电的冷却风机，风机放置在加长的风扇罩内，如图 2-2 所示。其转子一般不需要绕线，省去了集电环、电刷等装置，结构简单，维护方便。

这种电动机调速性能好，可以在较大范围内实现平滑无级调速，而且具有很硬的机械特性，是一种较

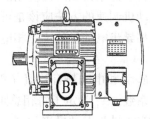

图 2-2 变频调速异步电动机外形示意图

理想的调速方法，因此被广泛应用于冶金、机械、纺织及化工等工业领域。这种电动机要与系统匹配，并且需要一套性能优良的变频调速电源装置，因此成本较高。但是，随着电力电子技术的发展，已出现了各种性能良好、工作可靠的变频调速装置，所以变频调速技术仍然得到了广泛的应用。

（三）变频电动机的空载试验

变频电动机的性能与配套变频器的特性密切相关，当使用变频器（应与电动机配套，

否则应考虑试验结果与现场运行时性能数据的差异）供电进行试验时，应在同一个载波频率下进行，除堵转试验和极限转矩试验外，对于转矩的测量，要求转矩测量仪的标称转矩不超过电动机额定转矩的 2 倍；在电动机转速为额定转速时，测得的联轴器与测功机（或负载电机）的风摩损耗应不大于被试电动机额定功率的 15%，转矩变化的敏感度应达到额定转矩的 0.25%；试验时，应尽可能使用转速表测量转速，如用闪光法进行测量，则荧光灯应使用与电动机相同的交流变频电源；另外，试验时所用的仪器和设备应具有足够的抗干扰措施，例如，提供给电动机电源的引接线要使用变频电源专用的屏蔽型电缆，同时控制线和测量线不应与供电电源电缆平行敷设，交叉点应尽可能呈十字形。

对于变频电动机的空载特性试验，应分别在正弦波电源和变频器电源下以相同的基波频率进行。

在正弦波电源下以基波频率进行空载特性试验的方法、步骤及相关规定与常规异步电动机完全相同，这里不再重复，请查阅常规异步电动机相关章节。按照试验求取正弦波电源下电动机的铁心损耗 P_{Fe} 和机械损耗 P_m。

在变频器电源下进行空载试验时，对被试电动机施以基准频率的额定电压，测取此时的三相空载线电压 U_{b0}、线电流 I_{b0} 和输入功率 P_{b0}，然后尽快测出定子绕组的线电阻 R_{b0}。

在试验过程中，电动机应平稳运转，无明显的转矩脉动现象。

三、任务实施

对给定的变频电动机进行空载特性试验时，具体试验步骤如下：

（1）接线测试

1）元件清点。穿戴好劳动保护用品，清点器件、仪表、电工工具等并摆放整齐。本任务试验所需的常用仪器、仪表和设备见附录 B。

2）接线。本试验接线与常规异步电动机相似，这里不再重复，区别之处在于这里接的是变频器。

3）在正弦波电源下的空载试验。对电动机在正弦波电源下以基波频率进行空载特性试验时，试验方法、步骤及相关规定与常规异步电动机完全相同。将测得的试验数据填入表 2-2 中。

表 2-2 变频电动机在正弦波电源下的空载试验记录表

测点序号	U_0/V	I_0/A	P_1/W	P_2/W	P_0/W	R_0/Ω
1						
2						
3						
4						
5						
6						
380V 时的额定数据	线电阻 R_0/Ω	输入功率 P_0/W	输入电流 I_0/A	铁损耗 P_{Fe}/W	机械损耗 P_m/W	铜耗 P_{0Cu1}/W

4）在变频器电源下的空载试验。把上一步的正弦波电源换成变频器，对电动机在变频器电源下以基波频率进行空载特性试验，施以基准频率的额定电压，测取此时的三相空载线电压 U_{b0}、线电流 I_{b0} 和输入功率 P_{b0}，然后断电停机尽快测出定子绕组的线电阻 R_{b0}。

（2）数据分析

1）利用正弦波电源下的空载试验数据，绘制此时的空载特性曲线和电阻变化曲线，并根据曲线计算出电动机在此条件下的铁心损耗 P_{Fe} 和机械损耗 P_m，把结果填入表 2-2 中。

2）利用变频器电源下的空载试验数据（线电流 I_{b0} 和线电阻 R_{b0}），得到电动机在试验温度下的定子绕组铜耗为

$$P_{b0Cu1} = 1.5 I_{b0}^2 R_{b0} \qquad (2\text{-}6)$$

3）对于用电压型变频器供电的电动机，将变频器电源供电时得到的输入功率 P_{b0} 减去上述定子铜耗 P_{b0Cu1}，再减去正弦波电源供电时得到的铁心损耗 P_{Fe} 和机械损耗 P_m，即可得到变频器供电下的谐波损耗 P_{bh}，即

$$P_{bh} = P_{b0} - P_{b0Cu1} - P_{Fe} - P_m \qquad (2\text{-}7)$$

四、任务思考

1）简述变频电动机与常规异步电动机的异同。

2）变频电动机的谐波损耗应如何求取？

3）简述变频电动机的空载特性试验过程。

五、任务反馈

任务反馈主要包括试验报告和考核评定两部分，具体见附录。

任务二　堵转特性试验

一、任务描述

现有一台变频调速异步电动机，型号为 YVP - 100L1 - 4，试利用给定的试验台对此电动机进行堵转特性试验，具体要求如下：

1）了解变频调速异步电动机堵转特性试验的基本要求及安全操作规程。

2）掌握变频调速异步电动机堵转特性试验常用仪表、仪器和设备的正确使用方法。

3）利用测力计法，对给定的变频电动机在正弦波电源下以基波频率进行堵转特性试验，能正确接线和通电，测定电动机在堵转时的电压 U_K、输入功率 P_K、堵转电流 I_K、功率因数 $\cos\varphi_K$ 和转矩 T_K 等数据。

4）利用测力计法，对给定的变频电动机在变频器电源下以基波频率进行堵转特性试验，能正确接线和通电，测定电动机在堵转时的电压 U_{K0}、输入功率 P_{K0}、堵转电流 I_{K0}、转矩 T_{K0} 和端电阻 R_{K0} 等数据。

5）根据正弦波电源和变频器电源下得到的试验数据，绘制变频电动机的堵转特性曲线。

二、任务资讯

变频电动机的性能与配套变频器的特性密切相关，当使用变频器（应与电动机配套，否则应考虑试验结果与现场运行时性能数据的差异）供电进行堵转试验时，其仪器、设备、测量线、控制线及电源引接线敷设等的要求与变频电动机空载特性试验完全一致，这里不再重复。

堵转特性试验应分别在正弦波电源和变频器电源下进行。若需要采用圆图法或等效电路法计算电动机性能，则还要进行低频堵转试验。

在正弦波电源供电时，基频堵转试验和低频堵转试验的内容和规定同常规异步电动机，这里不再重复，请查阅常规异步电动机相关章节。

在变频器供电情况下进行起动转矩试验时，试验频率、最大起动电流应遵照产品标准或制造厂与客户协议要求的规定。具体试验时，按规定设定变频器的参数，由变频器向电动机施加电压，堵住转子，测量转矩和定子绕组的直流电阻。

在试验过程中，电动机应平稳运转，无明显的转矩脉动现象。

三、任务实施

用测力计法对给定的变频电动机进行堵转试验时，具体试验步骤如下：

（1）接线测试

1）元件清点。穿戴好劳动保护用品，清点器件、仪表、电工工具等并摆放整齐。本任务试验所需的常用仪器、仪表、设备见附录 B。

2）接线。本试验接线与常规异步电动机相似，这里不再重复，区别在于这里接的是变频器。

3）在正弦波电源下的堵转试验。对电动机在正弦波电源下以基波频率进行堵转特性试验时，其方法、步骤及相关规定与常规异步电动机完全相同。将测得的试验数据填入表 2-3 中。

表 2-3　异步电动机堵转试验原始数据记录表（室温＿＿＿℃）

测点序号	堵转电压 U_K/V			堵转电流 I_K/A			堵转输入功率 P_K/W			力 F/N
	U_{ab}	U_{bc}	U_{ca}	I_a	I_b	I_c	W_1	W_2	P_K	
1										
2										
3										
4										
5										
6										
7										

4）在变频器电源下的堵转试验。把上一步的正弦波电源换成变频器，对电动机在变频器电源下以基波频率进行堵转特性试验，设定变频器参数，对电动机施以基准频率的额定电压，测取此时的三相堵转线电压 U_{K0}、线电流 I_{K0} 和输入功率 P_{K0}，然后断电停机尽快测出定

子绕组的线电阻 R_{K0}。

（2）数据分析　利用正弦波电源下的堵转试验数据，绘制此时的堵转特性曲线和电阻变化曲线，并根据曲线计算出电动机在此条件下的堵转电流 I_K 和堵转转矩 T_K，把结果填入表2-4中。

表2-4　异步电动机堵转试验数据分析记录表

测点序号	堵转电压 U_K/V	堵转电流 I_K/A	堵转输入功率 P_K/W	堵转转矩 $T_K/N \cdot m$
1				
2				
3				
4				
5				
6				
7				

（3）曲线绘制　根据变频器电源下的堵转试验数据，绘制此时的堵转特性曲线。

四、任务思考

1）简述变频电动机的型式试验项目。

2）简述变频电动机的堵转特性试验过程。

五、任务反馈

任务反馈主要包括试验报告和考核评定两部分，具体见附录。

任务三　温升特性试验

一、任务描述

现有一台变频调速异步电动机，型号为 YVP-100L1-4，试利用给定的试验台对此电动机进行温升特性试验，具体要求如下：

1）了解变频调速异步电动机温升特性试验的基本要求及安全操作规程。

2）掌握变频调速异步电动机温升特性试验常用仪表、仪器和设备的正确使用方法。

3）利用直接负载法，对给定的变频电动机在变频器电源下，分别以基波频率 50Hz 和 5Hz 进行温升特性试验，测取被试电动机在冷态和工作时达到温升稳定后的热态电阻值，并按要求计算出温升值。

4）根据两种频率下得到的试验数据，绘制变频电动机的温升特性曲线。

二、任务资讯

变频电动机的性能与配套变频器的特性密切相关，当使用变频器（应与电动机配套，否则应考虑试验结果与现场运行时性能数据的差异）供电进行温升特性试验时，其仪器、设备、测试线、控制线及电源引接线敷设等的要求与变频电动机空载特性试验完全一致，这里不再重复。

温升特性试验应分别在变频器的基频和低频下进行。在两种频率下，分别让电动机带负载在额定转矩下运行。待温升稳定或达到规定的时间或周期后，停机（但冷却风机应继续运行）测量绕组的热态直流电阻及轴承等其他部件的温度。用与常规异步电动机相同的方法求取有关温升和温度值。

在试验过程中，电动机应平稳运转，无明显的转矩脉动现象。

三、任务实施

用直接负载法对给定的变频电动机进行温升试验时，具体试验步骤如下：

（1）接线测试

1）元件清点。穿戴好劳动保护用品，清点器件、仪表、电工工具等并摆放整齐。本任务试验所需的常用仪器、仪表、设备见附录 B。

2）接线。本试验接线与常规异步电动机相似，其负载设备、接线方式和测试方法与常规异步电动机基本相同，这里不再重复，区别在于这里接的是变频器。

3）50Hz 频率下的温升试验。先起动冷却风机，将变频器的输出频率调整为 50Hz，电动机带负载在额定转矩下运行。待温升稳定或达到规定的时间或周期后，停机（但冷却风机应继续运行）测量绕组的热态直流电阻及轴承等其他部件的温度，把结果填入表 2-5 中。

表 2-5　变频调速异步电动机温升试验原始数据记录表

	测温顺序（次）		1	2	3	4	5	6	7
	记录时间（h：min）								
数据记录	输出功率/kW								
	输出转矩/N·m								
	输出转速/(r/min)								
	定子电流 I_1/A	I_a							
		I_b							
		I_c							
	输入功率/kW								
	铁心温度/℃								
	机壳表面温度/℃								
	进风温度/℃								
	出风温度/℃								
	前轴承温度/℃								
	后轴承温度/℃								
	环境温度 1/℃								
	环境温度 2/℃								
	环境温度 3/℃								

4）5Hz 频率下的温升试验。50Hz 频率下的温升试验完成后，立即起动电动机，将变频器输出频率调整为 5Hz，电动机带负载在额定转矩下运行。其他步骤同 50Hz 频率下的温升试验，这里不再重复。

（2）数据分析　用与常规异步电动机相同的方法求取有关温升和温度值。

四、任务思考

简述变频电动机的温升特性试验过程。

五、任务反馈

任务反馈主要包括试验报告和考核评定两部分，具体见附录。

任务四　负载特性试验

一、任务描述

现有一台变频调速异步电动机，型号为 YVP - 100L1 - 4，试利用给定的试验台对此电动机进行负载特性试验，具体要求如下：

1）了解变频调速异步电动机负载特性试验的基本要求及安全操作规程。

2）掌握变频调速异步电动机负载特性试验常用仪表、仪器和设备的正确使用方法。

3）对给定的变频电动机在变频器电源下进行负载特性试验，能正确接线和通电，并分别测取被试电动机在恒转矩和恒功率条件时的电压 U、电流 I、输入功率 P、输出转矩 T 和转速 n 等数据。

4）根据两种条件下得到的试验数据，绘制变频电动机的负载特性曲线。

二、任务资讯

变频电动机的性能与配套变频器的特性密切相关，当使用变频器（应与电动机配套，否则应考虑试验结果与现场运行时性能数据的差异）供电进行负载特性试验时，其仪器、设备、测量线、控制线及电源引接线敷设等的要求与变频电动机空载特性试验完全一致，这里不再重复。

变频电动机的负载特性曲线主要是指频率 f 与转矩 T 的关系曲线 $T = f(f)$。但是，由于变频电动机的频率可以改变，因此试验时应该以基准频率为界，向上下两个方向调频。也就是说，负载特性试验应分别在恒转矩和恒功率两种条件下进行。

对于基准频率为 50Hz 的电动机，将变频器的输出频率分别调至 50Hz 以下和 50Hz 以上，在 50Hz 以下的每一个频率点分别测取被试电动机的额定转矩；在 50Hz 以上的每一个频率点分别测取被试电动机的标称功率。在调频过程中，要随时观察各个测试点的电压、电流、输入功率、输出转矩和转速等数值，并把每个点得到的标称功率折算成转矩。最后绘制出被试电动机的负载特性曲线，如图2-3所示。具体的试验方法和步骤见本节任务实施部分。

在试验过程中，电动机应平稳运转，无明显的转矩脉动现象。

三、任务实施

用直接负载法对给定的变频电动机进行负载特性试验时，具体试验步骤如下：

（1）接线测试

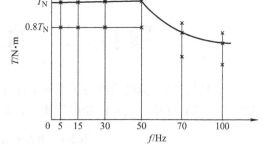

图2-3 变频调速异步电动机的负载特性曲线

1）元件清点。穿戴好劳动保护用品，清点器件、仪表、电工工具等并摆放整齐。本任务试验所需的常用仪器、仪表、设备见附录B。

2）接线。本试验接线与常规异步电动机相似，其负载设备、接线方式和测试方法与常规异步电动机基本相同，这里不再重复，区别在于这里接的是变频器。

3）恒转矩下的负载特性试验。对于基准频率为50Hz的电动机，将变频器的输出频率分别调至5Hz、15Hz、30Hz和50Hz，在每一个频率点测取被试电动机100%额定转矩、110%额定转矩和80%额定转矩各点处的电压、电流、输入功率、输出转矩和转速等数值，并将其填入表2-6中。

4）恒功率下的负载试验。分别在60Hz、80Hz和100Hz频率下，测取被试电动机在标称功率、110%标称功率、80%标称功率各点处的转矩值（此时的标称功率应按相应公式折算成转矩），并将其填入表2-6中。

表2-6 变频电动机在正弦波电源下的负载试验记录表

倍数 \ 测点序号	1	2	3	4	5	6	7
	5Hz	15Hz	30Hz	50Hz	60Hz	80Hz	100Hz
0.8							
1.0							
1.1							

（2）曲线绘制 根据试验测得的数据，绘制出被试电动机的负载特性曲线。

四、任务思考

1）简述你对变频调速中恒功率和恒转矩的理解。
2）简述变频电动机的负载特性试验过程。

五、任务反馈

任务反馈主要包括试验报告和考核评定两部分，具体见附录。

项目三　直流电机试验

本项目以有刷直流电动机为研究对象进行相关试验，主要讲述几个重要的试验项目，如空载试验、堵转试验、温升试验和负载试验等，项目所用部分试验标准见表 3-1。

表 3-1　直流电机试验标准（部分）

序号	标准编号	标准名称
1	GB/T 1311—2008	直流电机试验方法
2	GB/T 1971—2006	旋转电机 线端标志与旋转方向
3	GB/T 20114—2006	普通电源或整流电源供电直流电机的特殊试验方法
4	GB/T 6656—2008	铁氧体永磁直流电动机
5	GB/T 12351—2008	热带型旋转电机环境技术要求
6	GB/T 5171.1—2014	小功率电动机　第1部分：通用技术条件

任务一　电阻测定试验

一、任务描述

现有一台电磁式有刷直流电动机，型号为 Z2-4，试利用给定的试验台对此电动机进行直流电阻测定试验，具体要求如下：

1）了解直流电动机电阻测定试验的基本要求及安全操作规程。

2）掌握直流电动机电阻测定试验常用仪表、仪器和设备的正确使用方法。

3）对给定的直流电动机进行电阻测定试验，能正确接线和通电，并测量被试电动机的绝缘电阻和冷态直流电阻等数据。

4）根据测量（或换算）得到的绝缘电阻和直流电阻，判断绕组的三相电阻是否平衡，以及绕组的绝缘性能及接线质量（有无短路和断路）等是否达标。

二、任务资讯

（一）直流电动机的绝缘电阻

测量直流电动机绕组的绝缘电阻时，应分别在实际冷态和热态下进行。试验时，可仅测量冷态时的绝缘电阻，但应保证热态绝缘电阻不低于该类型电动机标准的规定。

对于额定电压为 36V 及以下的直流电动机，可用 250V 绝缘电阻表测量；对于额定电压为 36～500V 的直流电动机，应用 500V 绝缘电阻表测量；对于额定电压为 500V 以上的直流电动机，应用 1000V 绝缘电阻表测量。

测量时，应分别测量电枢电阻、串励绕组和并励绕组对机壳及相互间的绝缘电阻，并且应在仪表指针达到稳定后，再读出绝缘电阻表的读数。

（二）直流电动机的直流电阻

直流电动机的绕组一般有励磁绕组、换向绕组、补偿绕组和电枢绕组等。

1. 励磁绕组直流电阻的测定

测量励磁绕组的直流电阻之前，应将被测量绕组与其他绕组的连接点打开。并励绕组和他励绕组的直流电阻阻值比较大，一般应用惠斯顿电桥进行测量；而串励绕组的直流电阻阻值比较小，应用开尔文［双］电桥进行测量。

2. 换向绕组直流电阻的测定

换向绕组的直流电阻阻值比较小，应用开尔文［双］电桥或伏安法进行测量，同时应测量绕组的温度。

3. 补偿绕组直流电阻的测定

补偿绕组直流电阻的测定方法同换向绕组，这里不再重复。

4. 电枢绕组直流电阻的测定

测量直流电动机电枢绕组的直流电阻时，应将电刷提起或在两者之间用绝缘隔开。当将电刷提起或在两者之间用绝缘隔开有困难，只能将电刷放在换向器上进行测量时，应在位于相邻两组电刷的中心线下面，距离等于或接近于一个极距的两片换向片上进行测量。如果所测直流电阻只是用于热试验的结果计算，应在位于相邻两组电刷之间，相距约等于极距一半的两个换向片上进行测量。应在这两个换向片上做好标记，以便在测量热态直流电阻时使用。

根据不同情况选择不同的测量方法：

（1）单波绕组 对于单波绕组，其直流电阻应在等于或接近于奇数极距的两片换向片上进行测量。测得的电阻值即为该电枢绕组的直流电阻。

（2）无均压线的单叠绕组 对于无均压线的单叠绕组，其直流电阻应在换向器直径两端的两片换向片上进行测量，并按式(3-1)进行计算，求得该电枢绕组的电阻 R_a

$$R_a = \frac{r}{p^2} \tag{3-1}$$

式中，r 为实测的电枢绕组阻值（Ω）；p 为被试电动机的极对数。

（3）有均压线的单叠绕组 对于有均压线的单叠绕组，其直流电阻应在相互间距离等于或最接近于奇数极距，并装有均压线的两片换向片上进行测量，测得的电阻即为该被试电动机电枢绕组的直流电阻。

（4）有均压线的复叠式或复波式绕组 对于有均压线的复叠式或复波式绕组，其直流电阻应在相互间距离最接近于一个极距，并装有均压线的两片换向片上测量。测得的电阻即为该被试电动机电枢绕组的直流电阻。

（5）蛙式绕组 对于蛙式绕组，应根据不同的形式选择不同的测量方法：

1）对于单蛙式绕组，应在相隔一个极距的两片换向片上进行测量。

2）对于双蛙式绕组，应在相邻的两片换向片上进行测量。

3）对于三蛙式绕组，应在相距一个极距的两片换向片上进行测量。

如果换向片数 K 与极数 $2p$ 的比值不是整数，则应加上一个修正值 $\pm m/2$（m 为绕组的重路数）。此时，电枢绕组的直流电阻 R_a 由式(3-2) 求得。

$$R_a = \frac{r}{\left(\dfrac{\alpha}{K} + 1\right) m^2} \tag{3-2}$$

式中，r 为实测的电枢绕组电阻（Ω）；α 为被试电动机电枢蛙式绕组的电阻系数，见表3-2。

表 3-2　直流电动机电枢蛙式绕组的电阻系数

极数 $2p$	4	6	8	10	12	14	16	18	20	22
系数 α	8.00	27.71	61.25	110.1	175.4	258.1	359.9	478.7	617.9	777.2

三、任务实施

（一）绕组绝缘电阻测定试验

直流电动机绕组绝缘电阻测定试验的试验设备、方法、步骤及注意事项同异步电动机，这里不再重复。将各部位的测量结果记录于表3-3 中。

表 3-3　直流电动机绕组绝缘电阻测量记录表

测量部位	冷态值/MΩ	热态值/MΩ	标准值/MΩ	结　论
电枢绕组对机壳			≥	
励磁绕组对机壳			≥	
并励绕组对串励绕组			≥	
并励绕组对电枢绕组			≥	
串励绕组对电枢绕组			≥	

（二）绕组冷态直流电阻测定试验

对于给定的直流电动机，以电枢绕组为例，测定绕组冷态直流电阻时，电桥（或其他微电阻测量仪器，以下统称电桥）的两个接线端应接于相距一个极距（或接近一个极距）的两个换向片上。为了使两者接触得稳定可靠，应用尖冲头在两个换向片的升高部位各打两个小坑做测量点。电桥的每根引线一端各焊上一根磨尖的探针（对于开尔文［双］电桥，应为 4 根探针，但为了使用方便，对于阻值大于 0.1Ω 的绕组，可使用 2 根探针）。探针用直径为 5mm 左右、长度为 200mm 左右、前端磨尖的铜棒制成。测量时，将与电桥相接的 4 根探针分别顶在换向片的小坑内并用力压紧，与电桥 P1 和 P2 端连接的探针应放在靠近绕组一端的小坑内。测量接线如图3-1 所示。

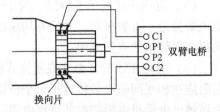

图 3-1　电枢绕组直流电阻的测量接线

电阻的测量应进行 3 次，取平均值作为测量结果。在测量电阻的同时，还应测取绕组的温度（一般可用环境温度代替）。

其他绕组直流电阻的测量方法与异步电动机定子绕组类似，得到的绕组直流电阻见表3-4。

表 3-4　直流电动机绕组直流电阻测定记录表

绕组名称和字母代号	冷态直流电阻测量值/Ω				环境温度/℃	换算到基准工作温度（℃）时的阻值/Ω
	第1次	第2次	第3次	平均值		
电枢绕组						
并励绕组						
他励绕组						
串励绕组						
换向绕组						
补偿绕组						

四、任务思考

1）简述直流电动机的型式试验项目。

2）简述直流电动机绕组的类别。

3）简述直流电动机的电阻测定试验过程。

五、任务反馈

任务反馈主要包括试验报告和考核评定两部分，具体见附录。

任务二　空载特性试验

一、任务描述

现有一台电磁式有刷直流电动机，型号为 Z2 - 4，试利用给定的试验台对此电动机进行空载特性试验，具体要求如下：

1）了解直流电动机空载特性试验的基本要求及安全操作规程。

2）掌握直流电动机空载特性试验常用仪表、仪器和设备的正确使用方法。

3）对给定的直流电动机进行空载特性试验，能正确接线和通电，初步检查电动机运转的灵活情况，观察电动机有无异常噪声和较强的振动。

4）测量被试电动机在空载运行时的电压、电流、输入功率等数据。

5）根据测定的试验数据，绘制直流电动机的空载特性曲线。

二、任务资讯

直流电动机的空载特性是指当电动机在空载状态下，以额定转速运行时，电枢电压与励磁电流的关系。

直流电动机的空载特性曲线 $U_0 = f(I_f)$ 也称为磁化曲线，如图 3-2a 所示。图中包括上升分支和下降分支，曲线下半部分基本是一条直线，上半部分开始向下弯曲，一般在达到额定电压的 1.3 倍左右时趋于水平。

因为下降分支更能反映出直流电动机的磁路特点，并可以测出剩磁所产生的空载电动势，所以有时只作下降分支曲线（检查试验时，无需作出整条曲线，而是仅作下降分支中额定电压时的一段即可），如图 3-2b 所示。

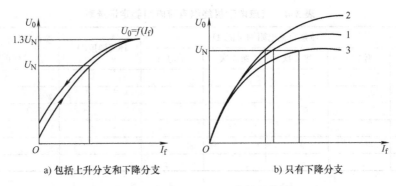

a) 包括上升分支和下降分支   b) 只有下降分支

图 3-2　直流电动机的空载特性曲线

在图 3-2b 中，当励磁电流为其额定值的 1/2 左右以下时，曲线接近于一条直线；当励磁电流达到其额定值的 1.5 倍左右以上时，曲线由一条弧线过渡到接近于平行于横轴的一条直线。两者之间为一条弧线，此部分被形象地称为"膝部"。当空载电压等于额定电压时，在曲线上对应的坐标应处在"膝部"的下半部分，如图 3-2b 中的曲线 1。

当曲线的直线部分较长时，如图 3-2b 中的曲线 2，说明被试电动机的磁路不饱和。其原因有铁心所用材料较多或磁导率较高、气隙较小、励磁绕组匝数较多等。

当曲线的直线部分较短（如图 3-2b 中的曲线 3）时，其原因与上述内容刚好相反。

三、任务实施

对给定的直流电动机进行空载试验时，具体试验步骤如下：

（1）接线测试

1）穿戴好劳动保护用品，清点器件、仪表、电工工具等并摆放整齐。本任务试验所需的常用仪器、仪表、设备见附录 B。

2）按图 3-3 接线，将被试电动机的励磁绕组由单独的可调电源供电，即不管电动机原来的励磁方式如何，均改为他励。

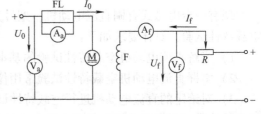

3）试验时，保持转速为额定值。将电枢电压

图 3-3　直流电动机空载特性试验原理图

从额定值的 25% 左右调节到 120% 左右，读取 7～9 个点，每点读取电枢电压和励磁电流的数值。在电枢电压额定值附近多读取几点。在试验过程中，励磁电流只允许向一个方向调节。另外，在低电压时，由于电动机运行很不稳定，应注意防止其超速。把测得的试验数据记入表 3-5 中。

表 3-5　直流电动机空载特性试验数据记录表

	测点序号	1	2	3	4	5	6	7	8	9
下降分支	转速 $n/(\text{r/min})$									
	电枢电压 U_a/V									
	励磁电流 I_f/A									
上升分支	转速 $n/(\text{r/min})$									
	电枢电压 U_a/V									
	励磁电流 I_f/A									

（2）曲线绘制 根据空载试验测得的各点数据，绘制出上升分支和下降分支两条曲线，此曲线即为直流电动机的空载特性曲线 $U_0 = f(I_f)$。

四、任务思考

简述直流电动机的空载特性试验过程。

五、任务反馈

任务反馈主要包括试验报告和考核评定两部分，具体见附录。

任务三 温升特性试验

一、任务描述

现有一台电磁式有刷直流电动机，型号为 Z2 - 4，试利用给定的试验台对此电动机进行温升特性试验，具体要求如下：

1）了解直流电动机温升特性试验的基本要求及安全操作规程。

2）掌握直流电动机温升特性试验常用仪表、仪器和设备的正确使用方法。

3）采用直接负载法，对给定的直流电动机进行温升特性试验，能正确接线和通电，测定直流电动机绕组、轴承等部件在规定工作条件下（含电源电压、频率、转速、输出功率、工作方式和工作环境等）运行并达到温升稳定时的温度或温升值。

4）利用温升特性试验测得的试验数据，在坐标系中绘出对应的温升特性曲线。

5）根据绘出的温升特性曲线，理解电动机温升与其性能之间的关系，并判断给定直流电动机的性能好坏。

二、任务资讯

直流电动机的温升特性试验有直接负载法和空载短路法。对于小型直流电动机，应优先使用直接负载法，其试验设备、试验电路与额定负载试验完全相同，其试验方法和各部分温升或温度的测量计算等的规定与异步电动机的温升特性试验相似，这里不再重复。对于较大容量的中小型直流电动机，当受到试验设备、条件的限制时，允许采用空载短路法进行温升试验。

对直流电动机进行温升特性试验时，应按要求测取各部件（主要包括铁心和绕组等）的温度或温升值。

对于励磁绕组的温升测定，由于直接通直流电工作，因此可根据试验中冷态和热态时的励磁电压与电流计算出冷态和热态电阻，并用这两个阻值求取励磁绕组的温升。这样可节约一定的工作量，试验结果也相当准确。

对于换向极绕组和串励绕组的温升测定，因其直流电阻值很小，所以测量误差相对较大，用电阻法得到的温升值的准确度也较差。此时，可采用温度计或其他测温仪直接测量它们的温度或温升值，测量时，测量点应不少于两个位置（同时进行）。

对于电枢铁心的温升测定，由于电枢铁心齿部和钢丝扎箍的温度，应用温度计或埋置检温计法测定。应在电动机断电停转后，立即测取不少于两点的数值。

对于换向器的温升测定，换向器的温度与上述测量应同时进行。测量所用温度计应选择时间常数较小（反应较快）的品种，如半导体点温计等。

直流电动机在不同工况下的温升曲线类似于笼型异步电动机，这里不再重复，一般也是先上升较快，然后慢慢达到稳定，但是一旦过载甚至严重过载，电动机的温升就会持续升高，直至电动机的绝缘性能被破坏。

三、任务实施

用直接负载法对给定的直流电动机进行温升特性试验时，具体试验步骤如下：

（1）接线测试

1）元件清点。穿戴好劳动保护用品，清点器件、仪表、电工工具等并摆放整齐。本任务试验所需的常用仪器、仪表、设备见附录 B

2）接线。本任务所需试验设备、试验电路和负载特性试验完全相同，这里不再重复。

3）测试。本任务试验方法和各部分的温升或温度的测量和计算等规定与异步电动机的温升特性试验相似，这里不再重复。将各部分的测量结果记入表 3-6 中。将温升试验后绕组热态直流电阻和换向器温度测量结果记入表 3-7 中，表中的其他绕组包括换向绕组、串励绕组、并励绕组和他励绕组等。

表 3-6　直流电动机温升试验结果记录表

	测点序号	1	2	3	4	5	6	7
	记录时间（h：min）							
	电枢电压 U_a/V							
	电枢电流 I_a/A							
	励磁电压 U_f/V							
	电枢电流 I_f/A							
	转速 n/(r/min)							
数 据 记 录	铁心温度/℃							
	机壳表面温度/℃							
	进风温度/℃							
	出风温度/℃							
	前轴承温度/℃							
	后轴承温度/℃							
	环境温度1/℃							
	环境温度2/℃							
	环境温度3/℃							

表 3-7　温升试验后绕组热态直流电阻和换向器温度测量结果记录表

绕组 名称	测量 数值	测点序号及测量数值						试验温升/K	换向器温度/℃	其他
		1	2	3	4	5	6			
电枢 绕组	时间/s									
	电阻/Ω									

（续）

绕组名称	测量数值	测点序号及测量数值						试验温升/K	换向器温度/℃	其他
		1	2	3	4	5	6			
其他绕组	时间/s									
	电阻/Ω									

（2）数据分析　用与常规异步电动机相同的方法求取有关温升和温度值。

四、任务思考

简述直流电动机的温升特性试验过程。

五、任务反馈

任务反馈主要包括试验报告和考核评定两部分，具体见附录。

任务四　负载特性试验

一、任务描述

现有一台电磁式有刷直流电动机，型号为 Z2 - 4，试利用给定的试验台对此电动机进行负载特性试验，具体要求如下：

1）了解直流电动机负载特性试验的基本要求及安全操作规程。

2）掌握直流电动机负载特性试验常用仪表、仪器和设备的正确使用方法。

3）对给定的直流电动机进行负载特性试验，能正确接线和通电，并初步检查电动机的换向、振动和其他情况。

4）测量被试电动机带负载运行时的电压、电流、输入功率、转速、转矩、输出功率等数据。

5）根据测定的试验数据，用损耗分析法求取直流电动机的效率。

6）根据测定的试验数据，在坐标系上绘出对应的负载特性曲线。

二、任务资讯

加负载的方法有直接负载法和回馈法两大类，其中回馈法又可分为并联、串联等多种方法。对于中小型直流电动机，一般都要求采用直接加负载到额定值的方法进行本项试验。在型式试验中，本试验应在电动机额定运行到各部分温升达到热稳定后进行。若是出厂试验，则电动机额定运行的持续时间由该类电动机的技术条件决定。

对直流电动机进行负载特性试验时，可用直流发电机、磁粉制动器及各种测功机作为机械负载。

直流电动机的负载特性一般指转速特性，即当电动机端电压和励磁不变时，电动机转速与负载电流之间的关系。所谓励磁不变，是指电动机在额定负载下运行时的励磁不变。对于他励、并励电动机，应保持额定励磁电流不变；对于复励电动机，应保持励磁电阻器位置不变。对于可以逆转的电动机，应对两个方向进行试验。对于转速可调的电动机，应在最高和最低转速下都进行此项试验。

图 3-4 所示为直流电动机在不同励磁方式下的负载特性曲线 $n = f(I_a)$。从图中可以看到，他励和并励的曲线较平直；复励的曲线随负载增大而下降，但下降得较少；串励时则下降得很快，这是因为负载加大时，电动机的输入电流也加大，因串励电流与电枢电流相同，所以励磁电流增加，转速下降。另外，当负载很小时，串励的励磁电流也很小，转速会急剧上升，严重时会损坏电动机，所以串励电动机不允许空载运行，试验时一般规定最低电流为 1/4 额定电流。

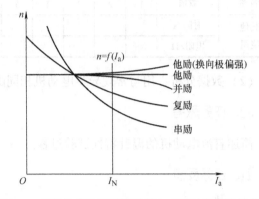

图 3-4　直流电动机在不同励磁方式下的负载特性曲线

三、任务实施

（一）负载特性试验

采用直接负载法，对给定的直流电动机进行负载特性试验时，具体试验步骤如下：

（1）接线测试

1）元件清点。穿戴好劳动保护用品，清点器件、仪表、电工工具等并摆放整齐。本任务试验所需的常用仪器、仪表、设备见附录 B。

2）接线。按图 3-5 接线，用可调电阻做输出电阻，M 为被试电动机。

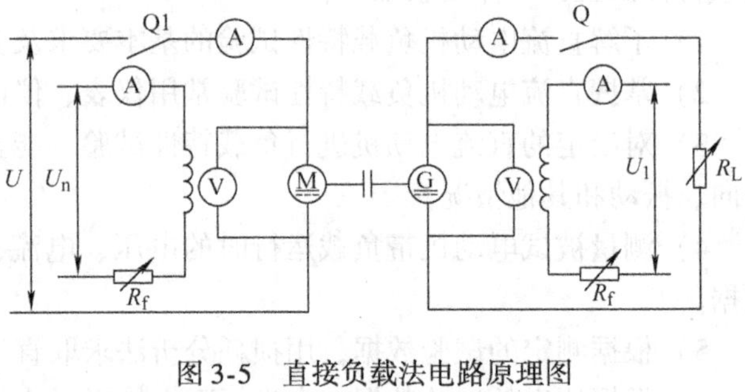

3）测试。试验时，首先给被试

图 3-5　直接负载法电路原理图

电动机加上励磁电源，并调整到额定值。合上 Q_1，逐步增加电源电压至额定值，此时电动机的转速基本上是额定转速。然后合上 Q，逐步增加直流发电机 G 的励磁电流，电动机的电流也随之增加，这样在保持电动机额定电压和励磁不变的情况下，通过调节负载可调电阻来改变负载电流，使其由额定值的 1.25 倍降到零（对于串励电动机应为 1/4 额定值），测量 5~7 点，每一点记录电动机的转速 n 和电枢电流 I_a，有必要时还要记录电枢电压、励磁电流及火花等级，同时检查电动机的振动和轴承运行情况，把测得的试验数据记入表 3-8 中。

（2）曲线绘制　根据上述测得的试验数据，在坐标纸上绘制直流电动机转速 n 与电枢电流 I_a 的关系曲线 $n = f(I_a)$，此曲线即为直流电动机的负载特性曲线。

表 3-8 电动机负载试验原始数据记录表

	测点序号	1	2	3	4	5	6	7	8
正转	电枢电压 U_a/V								
	电枢电流 I_a/A								
	励磁电流 I_f/A								
	转速 n/(r/min)								
	火花等级（级）								
反转	电枢电压 U_a/V								
	电枢电流 I_a/A								
	励磁电流 I_f/A								
	转速 n/(r/min)								
	火花等级（级）								

（二）效率求取试验

采用损耗分析法，对给定的直流电动机进行负载效率求取。试验时，具体试验步骤如下：

（1）接线测试

1）元件清点。穿戴好劳动保护用品，清点器件、仪表、电工工具等并摆放整齐。本任务试验所需的常用仪器、仪表、设备见附录 B。

2）直流电动机空载特性试验。试验电路见空载特性试验，应用外加的可调直流电源供电。试验时转速应保持为额定值，让被试电动机空载运行到机械损耗稳定后进行试验。调节外施电压，使其从 1.25 倍的额定值开始，逐步降低到可能达到的最低值，在此期间测取 9～11 个点的电枢电压 U_{a0}、电枢电流 I_{a0} 和励磁电流 I_{f0}。测完最后一点的数值后，尽快断电停机并立即测量电枢回路中各部分绕组的直流电阻之和 R_{a0}，把测得的试验数据填入表3-9 中。

表 3-9 直流电动机空载特性试验原始数据记录表

测点序号	电枢电压 U_{a0}/V	电枢电流 I_{a0}/A	电枢回路电阻 R_{a0}/Ω
1			—
2			—
3			—
4			—
5			—
6			

3）直流电动机负载特性试验。试验电路见前述相关内容。由本项试验求得电动机在各试验点的电枢电压 U_a、电枢电流 I_a、励磁电流 I_f 和转速 n，并记录环境温度 θ_t。测完最后一点的数值后，应尽快断电停机并立即测量电枢绕组、串励绕组、并励绕组、他励绕组和换向绕组的直流电阻 R_a、R_d、R_e、R_f 和 R_b，把测得的试验数据填入表 3-10 中。

表 3-10　电动机负载特性试验原始数据记录表

	测点序号	1	2	3	4	5	6	7	8
测点项目	电枢电压 U_a/V								
	电枢电流 I_a/A								
	励磁电流 I_f/A								
	转速 n/(r/min)								
	直流电阻 R_X/Ω	—	—	—	—	—	—	—	—

（2）数据分析　将以下参数的计算结果填入表 3-12 中。

1）电功率 P_1 的求取。对于直流电动机，P_1 为输入电功率（对发电机为输出电功率），其计算公式为

$$P_1 = U_a I_a \tag{3-3}$$

式中，U_a 为负载试验时的电枢电压（V）；I_a 为负载试验时的电枢电流（A）。

2）绕组铜耗的求取。这里的绕组铜耗主要包括电枢回路损耗和励磁回路损耗，有的还包括换向绕组损耗等，每个绕组的损耗均等于该绕组的直流电阻（应折算到基准工作温度）与通过该绕组的电流的二次方的乘积。具体计算公式如下：

电枢绕组损耗
$$P_{CuA} = R_a I_a^2 \tag{3-4}$$

励磁绕组损耗
$$P_{CuX} = R_X I_f^2 \tag{3-5}$$

式中，I_f 为负载试验时的励磁电流（A）；R_X 为励磁绕组的直流电阻（Ω），串励绕组、并励绕组和他励绕组的直流电阻分别用 R_d、R_e、R_f 表示。

3）电刷损耗的求取。电刷的电损耗 P_b 为电枢电流与电刷电压降 U_b 乘积的 2 倍，即

$$P_b = 2 I_a U_b \tag{3-6}$$

式中，U_b 为电刷电压降（V），U_b 的大小根据电刷所用材料而不同，对于碳—石墨、石墨、电化石墨材料制成的电刷，$U_b = 2V$，对于金属—石墨材料制成的电刷，$U_b = 0.6V$。

4）杂散损耗 P_s 的求取。直流电动机的杂散损耗可用式(3-7) 求取

$$P_s = C P_1 \tag{3-7}$$

式中，P_1 为电动机的输入功率（W）（对于发电机为输出电功率）；C 为系数，对于无补偿绕组的电动机，$C = 1\%$，否则 $C = 0.5\%$。

5）机械损耗 P_m 和铁心损耗 P_{Fe} 的求取。

① 被试电动机各试验点的铁心损耗 P_{Fe} 和机械损耗 P_m 之和用式(3-8) ~ 式(3-11) 求取，把计算得到的数据记入表 3-11 中。

$$P_{Fe} + P_m = P_{a0} - P_{aCu0} - P_{b0} \tag{3-8}$$

$$P_{a0} = U_{a0} I_{a0} \tag{3-9}$$

$$P_{aCu0} = I_{a0}^2 R_{a0} \tag{3-10}$$

$$P_{b0} = U_b I_{a0} \tag{3-11}$$

表 3-11　直流电动机空载损耗试验数据计算表

测点序号	输入功率 P_{a0}/W	空载铜耗 P_{aCu0}/W	电刷损耗 P_{b0}/W	铁心损耗 + 机械损耗 $(P_{Fe} + P_m)$/W
1				
2				

（续）

测点序号	输入功率 P_{a0}/W	空载铜耗 P_{aCu0}/W	电刷损耗 P_{b0}/W	铁心损耗 + 机械损耗 $(P_{Fe} + P_m)/W$
3				
4				
5				
6				

② 用与三相交流异步电动机相同的方法（见前文）绘制 $(P_{Fe} + P_m)$ 与电枢电压标么值二次方 $(U_{a0}/U_{aN})^2$ 的关系曲线。

③ 根据上述求得的曲线，通过外推法得到机械损耗 P_m。被试电机的铁心损耗应按相应的感应电动势求得：被试电机为发电机时，电枢的感应电动势等于额定电压加上电枢回路各部分绕组的电压降和电刷的电压降；被试电机为电动机时，电枢的感应电动势等于额定电压减去电枢回路各部分绕组的电压降和电刷的电压降。这里为直流电动机试验，所以电枢的感应电动势应按式 (3-12) 计算：

$$E = U_N - I_{a0}R_{a0} - 2U_b \tag{3-12}$$

这样，取 $U_{a0} = E$，并求出电枢电压标么值的二次方 $(U_{a0}/U_{aN})^2$，再在上述求得的空载损耗曲线上查出对应的 $(P_{Fe} + P_m)$ 值，用该值减去已经求得的机械损耗 P_m，即可得直流电动机的铁心损耗 P_{Fe}。

6）总损耗 $\sum P$ 的求取。不管是发电机还是电动机，直流电机的总损耗均为

$$\sum P = P_{CuX} + P_b + P_s + P_{Fe} + P_m \tag{3-13}$$

式中，P_{CuX} 为直流电机的绕组总损耗（W），包括电枢损耗和励磁损耗等；P_b 为直流电机的电刷损耗（W）；P_s 为直流电机的杂散损耗（W）；P_{Fe} 为直流电机的铁心损耗（W）；P_m 为直流电机的机械损耗（W）。

7）机械功率 P_2 的求取。对于直流电动机，P_2 为输出的机械功率（对于发电机为输入的机械功率），则

$$P_2 = P_1 - \sum P \tag{3-14}$$

式中，P_1 为直流电动机输入的电功率（W）；$\sum P$ 为直流电动机的总损耗（W）。

8）效率 η 的求取。对直流电动机，有

$$\eta = \frac{P_2}{P_1} \times 100\% \tag{3-15}$$

式中，P_1 为直流电动机输入的电功率（W）；P_2 为直流电动机输出的机械功率（W）。

9）电磁转矩 T 的求取。对于电动机，为输出转矩；对于发电机，为输入转矩。其计算公式为

$$T = 9.55 \times \frac{P_2}{n} \tag{3-16}$$

式中，n 为直流电动机的转速（r/min）；P_2 为机械功率（W），对电动机为输出机械功率，对发电机为输入机械功率。

表 3-12　直流电动机的效率计算表

计算项目名称		1	2	3	4	5	6	7	8	9
输入功率 P_1/W										
绕组铜耗 P_{Cu}/W	电枢绕组 P_{aCu}/W									
	串励绕组 P_{dCu}/W									
	并励绕组 P_{eCu}/W									
	他励绕组 P_{fCu}/W									
	换向绕组 P_{bCu}/W									
电刷损耗 P_b/W										
铁心损耗 P_{Fe}/W										
机械损耗 P_m/W										
杂散损耗 P_s/W										
总损耗 $\sum P$/W										
输出功率 P_2/W										
效率 η（%）										
转速 n/(r/min)										
转矩 T/N·m										

（三）曲线绘制

根据上述计算得到的每个点效率，绘制此时的效率曲线。

四、任务思考

1）简述直流电动机的负载特性试验过程。

2）对于直流发电机，应如何求取其效率？

五、任务反馈

任务反馈主要包括试验报告和考核评定两部分，具体见附录。

第二篇　控制用电机试验

　　本篇在掌握基础理论知识和分析研究方法的基础上，重点对几种常用控制电机进行相关试验，以加强对知识点的理解和掌握。

　　本篇所讲的控制电机，主要包括伺服电动机、自整角机和步进电动机，针对每种电机，又具体细分为几个任务。主要任务目标如下：

　　1）了解控制用电机试验的基本要求和安全操作规程。

　　2）掌握控制用电机试验常用仪器、仪表、设备的正确使用方法。

　　3）掌握伺服电动机试验。

　　4）掌握自整角机试验。

　　5）掌握步进电动机试验。

项目四　伺服电动机试验

微特电机通常指的是性能、用途或原理等与常规电机不同，且体积和输出功率较小的微型电机和特种精密电机。其外径一般不大于 130mm，质量从数克到数千克，输出功率从数百毫瓦到数百瓦。但是，现在微特电机的体积和输出功率都已突破了上述范围。有些特种电机的功率可达到 10kW。

微特电机按用途不同，分为驱动用微特电机和控制用微特电机。

（1）驱动用微特电机　如图 4-1 所示，驱动用微特电机主要用来驱动各种机构、仪表及家用电器。

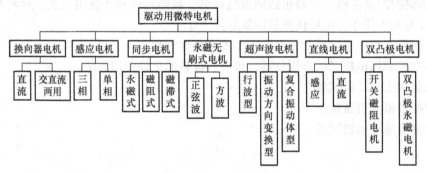

图 4-1　驱动用微特电机

（2）控制用微特电机　如图 4-2 所示，控制用微特电机主要用在自动控制系统中。

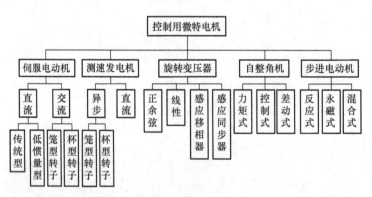

图 4-2　控制用微特电机

控制用微特电机简称控制电机，它主要用来完成对机电信号的检测、解算、放大、传递、执行、转换，其在控制系统中可靠性强、精度高、响应快，被广泛应用于军事装备、电子产品、工业自动控制系统、家用电器、办公自动化、通信和交通、电动工具、仪器仪表、电动玩具等方面。

伺服电动机把输入的电信号（控制电压）变为机械信号（转速或转角）输出，转轴的转向与转速随信号电压的方向和大小而改变，并且能带动一定大小的负载，在自动控制系统中常作为执行元件，故伺服电动机又称为执行电动机。伺服电动机的可控性好，无自转现象，反应灵敏、响应快，具有线性的机械特性和调节特性，调速范围大，转速稳定，因此在自动控制系统中得到了广泛的应用。

伺服电动机的种类多，用途也十分广泛。例如，在雷达天线系统中，雷达天线是由交流伺服电动机拖动的，当天线发出去的无线电波遇到目标时，就会被反射回来送给雷达接收机；雷达接收机确定目标的方位和距离后，向交流伺服电动机送出电信号，交流伺服电动机按照该电信号拖动雷达天线跟踪目标转动。

伺服电动机大体可分为直流伺服电动机和交流伺服电动机两大类。本项目以交流伺服电动机为研究对象进行相关试验。

任务一　幅值控制特性试验

一、任务描述

现有一台交流伺服电动机，型号为 HK57，试利用给定的试验台对此电动机进行幅值控制特性试验，具体要求如下：

1）了解交流伺服电动机幅值控制特性试验的基本要求及安全操作规程。

2）掌握交流伺服电动机幅值控制特性试验常用仪表、仪器和设备的正确使用方法。

3）对给定的交流伺服电动机进行幅值控制特性试验，能正确接线和通电，并观察交流伺服电动机的自制动过程。

4）测定交流伺服电动机在不同条件下的转速 n、转矩 T 和电压 U_a。

5）利用幅值控制特性试验测得的数据，在坐标系上绘出对应的机械特性曲线 $T = f(n)$ 和调节特性曲线 $n = f(U_a)$。

二、任务资讯

（一）伺服电动机的基本结构

交流伺服电动机在结构上类似于单相异步电动机，它主要由定子和转子两部分组成。定子包括铁心和绕组，定子铁心由硅钢片叠压而成，在铁心槽内安放空间互差 90° 电角度的两相定子绕组，一相是励磁绕组，另一相是控制绕组，它们可以有相同或不同的匝数，所以交流伺服电动机实际上就是两相的交流电动机，如图 4-3 所示。

根据转子结构的不同，交流伺服电动机可分为高电阻笼型转子交流伺服电动机和非磁性空心杯型转子交流伺服电动机两种形式。

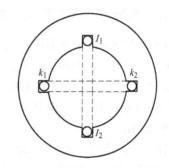

图 4-3　交流伺服电动机两相绕组分布图

笼型转子交流伺服电动机的结构如图4-4所示。它和普通笼型感应电动机一样，但是为了减小转子的转动惯量，常将转子做成细而长的形状。笼型转子的导条和端环可以采用高电阻率的材料（如黄铜、青铜等）制造，也可以采用铸铝转子，以获得转差率在 0 ~ 1 内都能稳定运转的机械特性。目前，我国生产的 SL 系列两相交流伺服电动机就采用铸铝转子。由于转子回路的电阻增大，

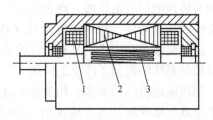

图4-4　笼型转子交流伺服电动机结构图
1—定子绕组　2—定子铁心　3—笼型转子

使得交流伺服电动机的特性曲线变软，这主要是为了消除自转现象。笼型转子交流伺服电动机广泛应用于小功率自动控制系统中。

在杯型转子交流伺服电动机中，最常用的是非磁性杯型转子交流伺服电动机，其外定子与笼型转子伺服电动机的定子完全一样，内定子由环形钢片叠成，通常内定子不安置绕组，只是代替转子的铁心，作为磁路的一部分。在内、外定子之间有细长的空心转子装在转轴上，空心转子做成杯型，由非磁性材料铝或铜制成，杯壁极薄，厚度一般为0.3mm，因而具有较大的转子电阻和很小的转动惯量，如图 4-5 所示。虽然杯型转子与笼型转子外形不同，但实际上杯型转子可以看作笼条很多、条与条之间紧靠在一起的笼型转子，杯型转子的两端相当于短路环。杯型转子可以在内、外定子间的气隙中自由旋转，电动机依靠杯型转子内感应出的涡流与气隙磁场作用而产生电磁转矩。

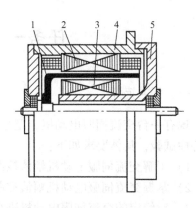

图4-5　杯型转子交流伺服电动机结构图
1—杯型转子　2—外定子　3—内定子
4—机壳　5—端盖

可见，杯型转子交流伺服电动机的优点是转动惯量小、摩擦转矩小，因此快速响应性能好；另外，由于转子上无齿槽，所以运行平稳、无抖动、噪声小。其缺点是这种结构的电动机气隙较大，励磁电流也较大，致使电动机的功率因数较低，效率也较低，它的体积要比同容量的笼型伺服电动机大得多。目前，我国生产的这种伺服电动机的型号为 SK，这种伺服电动机主要用于要求低噪声及低速平稳运行的某些系统中。

（二）伺服电动机的工作原理

图4-6为两相交流伺服电动机原理图。两相绕组的轴线位置在空间上相差90°电角度，运行时励磁绕组接到电压为 U_e 的交流电源后主要用来建立旋转磁场，控制绕组输入控制信号电压 U_f。电压 U_e 和 U_f 同频率，一般为50Hz 或 400Hz。

当控制绕组没有控制电压时，气隙中只有励磁绕组产生脉振磁场，此时不能使转子转动。当两相绕组分别加以交流电压以后，就会在气隙中产生旋转磁场。当转子导体

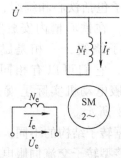

图4-6　两相交流伺服电动机原理图

切割旋转磁场的磁力线时，便会感应出电动势，产生电流，转子电流与气隙磁场相互作用产生电磁转矩，使转子随旋转磁场的方向而旋转。当控制电压的相位相反时，伺服电动机将反转。

控制绕组无控制信号，只有励磁绕组中有励磁电流时，气隙中形成的是单相脉振磁动势。单相脉振磁动势可以分解为正、负序两个圆形旋转磁动势，它们大小相等、转速相同、转向相反。单相脉振磁动势所建立的正序旋转磁场对转子起拖动作用，产生拖动转矩 T_+；负序旋转磁场对转子起制动作用，产生制动转矩 T_-。当电动机处于静止状态时，转差率 $s = 1$，$T_+ = T_-$，合成转矩 $T = 0$，伺服电动机转子不会转动。一旦控制绕组中有信号电压，一般情况下，两相绕组上所加的电压、流入的电流以及由电流产生的磁动势是不对称的，则电动机内部便建立起椭圆形旋转磁场。一个椭圆形旋转磁场同样可以分解为两个速度相等、转向相反的圆形旋转磁场，但它们大小不等（与原椭圆形旋转磁场转向相同的正序磁场大，与原转向相反的负序磁场小）。因此，转子上的两个电磁转矩也大小不等、方向相反，合成转矩不为零，这样转子就不再保持静止状态，而是随着正转磁场的方向转动起来。

两相交流伺服电动机在转子转动后，当控制信号消失，即控制电压等于零时，按照自动控制系统对伺服电动机的要求，伺服电动机应立即停转。但是，此时定子中的磁场完全由励磁绕组产生，电动机内部建立的是单相脉振磁场，根据单相异步电动机的工作原理，电动机将继续旋转，这种现象称为自转。自转现象在自动控制系统中是不允许存在的，解决的办法是增大转子电阻。下面分析转子电阻大小对伺服电动机单相运行的机械特性曲线的影响及产生自转的原因。

当转子电阻 r 较小时，临界转差率 $s_m = 0.4$。图 4-7 所示为单相供电且 $s_m = 0.4$ 时的机械特性曲线。从图中可以看出，在电动机工作的转差率范围内，即 $0 < s < 1$ 时，合成转矩 T 绝大部分情况下是正的。因此，如果伺服电动机突然切去控制电压信号，那么，只要制动转矩小于单相运行时的最大电磁转矩，电动机就会在转矩 T 的作用下继续旋转，这样就产生了自转现象。

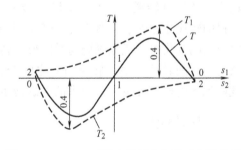

图 4-7　$s_m = 0.4$ 时的自转现象和转子电阻关系

当转子电阻增大到使临界转差率大于 1 时，合成转矩曲线与横轴仅在一点相交（$s = 1$），如图 4-7 所示。从图中可见，在电动机运行范围内，当 $0 < s < 1$ 时，合成转矩均为负值，即为制动转矩，因而当控制电压 U_K 等于零（即单相运行）时，电动机将立刻产生制动转矩，与负载转矩一起促使电动机迅速停转，这样就不会产生自转现象了。在这种情况下，停转时间甚至比同时取消两相绕组电压还要短些。从图 4-7 中还可以看出，当电动机在 $0 < s_1 < 1$ 范围内运行时，合成转矩 T 是负的，表示产生了制动转矩，阻止电动机转动。而当电动机转向相反，在 $1 < s_1 < 2$ 范围内运行时，合成转矩 T 变为正的，则转矩方向也发生变化，表示仍然产生制动转矩阻止电动机转动，这样依靠转子电阻的增大，就可以消除电动机在取消控制信号时出现的振荡现象。无自转现象是交流伺服电动机的基本特性之一，也是自动控制系统对交流伺服电动机的基本要求。所以，为了消除自转现象，交流伺服电动机单相供电时的

机械特性曲线必须如图 4-8 所示，这就要求伺服电动机有相当大的转子电阻，最理想的是使 $s_m > 1$，以完全消除自转现象。前面讲到的转子的两种特殊结构形式正是为了满足这种要求。

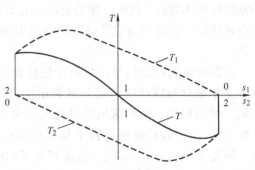

图 4-8 $s_m > 1$ 时的自转现象和转子电阻关系

（三）伺服电动机的幅值控制

交流伺服电动机运行时，控制绕组上所加的控制电压是变化的，一般来说，得到的是椭圆形旋转磁场，并由此产生电磁转矩而使电动机旋转。如果改变控制电压的大小或改变其与励磁电压之间的相位角，就能使电动机气隙中旋转磁场的椭圆度发生变化，从而影响到电磁转矩。当负载转矩一定时，可以通过调节控制电压的大小或相位差来达到改变电动机转速的目的。因此，交流伺服电动机的控制方式有幅值控制、相位控制和幅值-相位控制三种。

其中，幅值控制方式是保持控制电压 U_e 和励磁电压 U_f 之间的相位差为 90°，仅通过改变控制电压的幅值来改变转速，其原理如图 4-9 所示。控制电压的幅值在额定值与零之间变化，励磁电压保持为额定值。当控制电压为零时，气隙磁场为脉振磁场，无起动转矩，电动机不转动；当控制电压与励磁电压的幅值相等时，所产生的气隙磁场为一圆形旋转磁场，产生的转矩最大，伺服电动机的转速也最高；当控制电压在额定电压与零电压之间变化时，气隙磁场为椭圆形旋转磁场，伺服电动机的转速在最高转速与零之间变化，而且气隙磁场的椭圆度越大，产生的电磁转矩越小，电动机转速越慢。

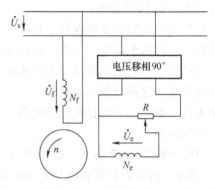

图 4-9 交流伺服电动机幅值控制方式接线图

三、任务实施

（一）交流伺服电动机的幅值控制

采用幅值控制方式的交流伺服电动机的接线图如图 4-10 所示。图中 T_1 选用 HK57 挂件，T_2 选用电源控制屏三相调压器的 W、N 输出端。

1）实测交流伺服电动机 $\alpha = 1$（即 $U_c = U_N = 220V$）时的机械特性。

① 起动三相交流电源，$U_f = 220V$，再调节三相调压器 T_2 使 $U_c = U_N = 220V$。

② 按同一方向缓慢调节涡

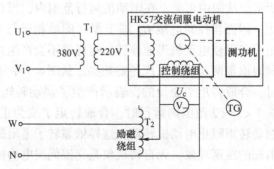

图 4-10 交流伺服电动机采用幅值控制方式时的接线图

流测功机，在表4-1中记录8组真实力矩 T 及电动机实际转速值（注意：由于交流伺服电动机在自动控制系统中用作执行元件，但输出转矩较小，故在电动机轴输出端加了减速器，将输出转矩增大了3倍，即电动机输出的真实转矩 T 等于实测数值除以3，而实际转速却等于实测转速乘以3）。

表 4-1 交流伺服电动机在 $\alpha = 1$ 时的试验数据记录表（$U_f = \_\_V$ $U_c = \_\_V$）

序 号	1	2	3	4	5	6	7	8
$T/N \cdot cm$								
$n/(r/min)$								

2）实测交流伺服电动机 $\alpha = 0.75$（即 $U_c = 0.75 U_N = 165V$）时的机械特性。

① 保持 $U_f = 220V$ 不变，调节单相调压器 T_2，使 $U_c = 0.75 U_N = 165V$。

② 重复上述步骤，将所测数据记录在表4-2中。

表 4-2 交流伺服电动机在 $\alpha = 0.75$ 时的试验数据记录表（$U_f = \_\_V$ $U_c = \_\_V$）

序 号	1	2	3	4	5	6	7	8
$T/N \cdot cm$								
$n/(r/min)$								

3）实测交流伺服电动机的调节特性。

① 调节三相调压器使 $U_f = 220V$，松开棘轮机构，使电动机空载运行。

② 逐次调节单相调压器 T_2，使控制电压 U_c 从220V逐次减小到0V，将每次所测的控制电压 U_c 与电动机转速 n 记录在表4-3中。

表 4-3 交流伺服电动机调节特性数据记录表（$U_f = 220V$）

U/V					
$n/(r/min)$					

4）利用上述试验数据，在坐标系中作交流伺服电动机采用幅值控制方式时的机械特性和调节特性曲线。

（二）观察交流伺服电动机的自转现象

1）接入三相交流电源，调节调压器使 $U_f = 127V$，$U_c = 220V$，再将 U_c 开路，观察电动机有无自转现象。

2）接线图同图4-10，调节调压器使 $U_f = 127V$，$U_c = 220V$，再将 U_c 调到0V，观察电动机有无自转现象。

四、任务思考

1）如何由试验数据求得电动机的电动势常数和转矩常数？

2）无自转现象的原因是什么？怎样消除自转现象？

3）根据实际应用，自动控制系统对伺服电动机的基本要求有哪些？

五、任务反馈

任务反馈主要包括试验报告和考核评定两部分，具体见附录。

任务二 幅值—相位控制特性试验

一、任务描述

现有一台交流伺服电动机，型号为 HK57，试利用给定的试验台对此电动机进行幅值—相位控制特性试验，具体要求如下：

1）了解交流伺服电动机幅值—相位控制试验的基本要求及安全操作规程。

2）掌握交流伺服电动机幅值—相位控制试验常用仪表、仪器和设备的正确使用方法。

3）对给定的交流伺服电动机进行幅值—相位控制特性试验，能正确接线和通电，并用试验方法配交流伺服电动机的堵转圆形磁场。

4）测定交流伺服电动机在不同条件下的转速 n 和转矩 T。

5）利用幅值—相位控制特性试验中测得的数据，在坐标系中绘出对应的机械特性曲线 $T = f(n)$。

二、任务资讯

（一）伺服电动机的相位控制

相位控制方式是保持控制电压的幅值不变，通过改变控制电压与励磁电压的相位差 β 来改变电动机的转速，其原理如图 4-11 所示。控制电压的幅值不变，其与励磁电压的相位差可通过调节移相器来改变，以实现控制交流伺服电动机转速的目的。当 $\beta = 0$ 时，电动机停转。这种控制方式较少采用。

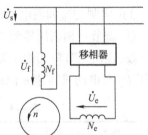

图 4-11 交流伺服电动机相位控制方式接线图

（二）伺服电动机的幅值—相位控制（电容移相控制）

幅值—相位控制方式将励磁绕组串联电容 C 后接到稳压电源上，其接线图如图 4-12 所示。这时，励磁绕组上仍外施励磁电压 U_f，控制绕组仍外施控制电压 U_e，而 U_e 的相位始终与 U_f 的相位相同。

当调节控制电压 U_e 的幅值来改变电动机的转速时，由于转子绕组与励磁绕组的耦合作用（相当于变压器的二次绕组与一次绕组），使励磁绕组的电流 I_f 也发生变化，致使励磁绕组的电压 U_f 及电容 C 上的电压 U_{ef} 也随之改变，则电压 U_e 与 U_f 的大小及它们之间的相位角也都随之改变，所以这是一种幅值和相位复合控制方式。若控制电压 $U_e = 0$，则

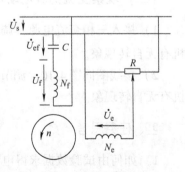

图 4-12 交流伺服电动机幅值—相位控制方式接线图

电动机停转。

这种控制方式是利用串联电容器来分相的，其机械特性和调节特性的线性度虽然没有幅值控制和相位控制好，但是由于不需要复杂的移相装置，所以其设备简单，成本较低，因此成为最常用的一种控制方式。

三、任务实施

（一）交流伺服电动机的幅值—相位控制

采用幅值—相位控制方式的交流伺服电动机，其接线图如图 4-13 所示。图中 T_1、C 选用 HK57 挂件上的，T_2 选用电源控制屏三相可调电源输出的相电压，V_1、A_1 用 HK57 挂件上的，V_2、A_2 用控制屏上的，R_1 和 R_2 选用两个阻值为 5Ω 的固定电阻。示波器两探头地线应接图中的 N 线，X 踪和 Y 踪幅值量程一致，并设在叠加状态。

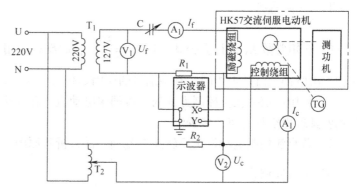

图 4-13 交流伺服电动机采用幅值—相位控制方式时的接线图

1）实测交流伺服电动机在 $U_f = 127V$、$\alpha = 1$（即 $U_c = U_N = 220V$）时的机械特性。

① 合上三相交流电源，调节单相调压器 T2，使 $U_c = U_N = 220V$。

② 调节涡流测功机，使电动机从空载至堵转，在此过程中将力矩 T 及电动机转速值记录在表 4-4 中。

表 4-4 交流伺服电动机在 $\alpha = 1$ 时的试验数据记录表（$U_f = \_\_V$ $U_c = \_\_V$）

序 号	1	2	3	4	5	6	7	8
$T/N \cdot cm$								
$n/(r/min)$								

2）实测交流伺服电动机在 $U_f = 127V$、$\alpha = 0.75$（即 $U_c = 0.75U_N = 165V$）时的机械特性。

① 合上三相交流电源，调节单相调压器 T2，使 $U_c = 0.75U_N = 165V$。

② 重复上述试验，将数据记录在表 4-5 中。

表 4-5 交流伺服电动机在 $\alpha = 0.75$ 时的试验数据记录表（$U_f = \_\_V$ $U_c = \_\_V$）

序 号	1	2	3	4	5	6	7	8
$T/N \cdot cm$								
$n/(r/min)$								

3）作交流伺服电动机，采用幅值—相位控制方式时的机械特性曲线。

（二）用试验方法使电动机堵转时的旋转磁场为圆形磁场

1）接线和设备同图 4-13，这里不再重复。

2）合上三相交流电源，调节调压器 T_1 使 $U_f = 127V$，再调节三相调压器 T_2 使 $U_c = U_f = 127V$，调节涡流测功机使电动机堵转。

3）调节可变电容 C，观察 A_1 和 A_2，使 $I_f = I_c$，同时观察示波器轨迹应为圆形旋转磁场。

四、任务思考

1）转矩常数 K_T 的计算公式采用 $K_T = \dfrac{30}{\pi} K_e$，而没有采用 $K_T = \dfrac{T_K R_a}{U_a}$，这是为什么？用这两种方法所得之值是否相同？有差别时的原因是什么？

2）采用幅值—相位控制方式的交流伺服电动机，在什么条件下电动机气隙磁场为圆形磁场？其理想空载转速是多少？

3）若直流伺服电动机正反转速有差别，试分析其原因。

五、任务反馈

任务反馈主要包括试验报告和考核评定两部分，具体见附录。

项目五 自整角机试验

自整角机是一种对机械信号（角位移或角速度）的偏差有自整步能力的感应式控制电机，他广泛用于显示装置和随动系统中，一般成对或多台组合使用，使机械上互不相连的两根或多根机械轴能够保持相同的转角变化或同步的旋转变化。在随动控制系统中，多台自整角机协调工作，其中产生控制信号的主自整角机称为发送机，接收控制信号、执行控制命令、与发送机保持同步的自整角机称为接收机。

根据功能不同，可把自整角机分为控制式自整角机和力矩式自整角机两类。力矩式自整角机输出的力矩较大，可直接驱动接收轴上的负载，主要用于指示系统或角传递系统。控制式自整角机的接收机不直接带负载，而是在接收机上输出与发送机、接收机转子之间的角位差有关的一个电压信号，因此可以说，控制式自整角机实际上是角位置失调检测电机。

本项目以力矩式自整角机为研究对象进行相关试验。

任务一 转矩测定试验

一、任务描述

现有一台力矩式自整角机，型号为 ZSZ－1，试利用给定的试验台对此自整角机进行转矩测定试验，具体要求如下：

1）了解自整角机转矩测定试验的基本要求及安全操作规程。

2）掌握自整角机转矩测定试验常用仪表、仪器和设备的正确使用方法。

3）对给定的力矩式自整角机进行转矩测定试验，能正确接线和通电，并测定自整角机比整步转矩 T^θ。

4）测定自整角机的静态整步转矩 T 和失调角 θ 等数据。

5）利用转矩测定试验中测得的数据，在坐标系中绘出自整角机的静态整步转矩与失调角的关系曲线 $T = (\theta)$。

二、任务资讯

（一）力矩式自整角机的工作原理与结构

力矩式自整角机为在整个圆周范围内能够准确定位，通常采用两极结构，绝大部分采用凸极式结构，只有频率高、尺寸大的力矩式自整角机才采用隐极式结构。

力矩式自整角机的定子、转子铁心均采用高磁导率的薄硅钢片冲制成形，为减小铁心损耗，薄硅钢片经过涂漆处理，然后铆制成整体定子或整体转子。力矩式自整角机采用单相励磁方式，励磁绕组放置在凸极铁心上，整步绕组为三相绕组并连接成星形放置在铁心槽中。励磁绕组可放置在定子上也可放置在转子上，当励磁绕组放置在凸极定子上时，整步绕组放置在转子铁心上并通过集电环和电刷引出；当励磁绕组放置在凸极转子上时，通过两相集电环和电刷使励磁绕组和外部励磁电路相连，整步绕组放置在定子铁心上。

图 5-1 所示为力矩式自整角机的三种结构。转子凸极式结构中转子质量小，电刷和集电环数量少，适用于小容量的自整角机。定子凸极式结构中转子上放置三相分布绕组，其平衡性好，但转子质量大，电刷数量和集电环数量多，适用于较大容量的自整角机。

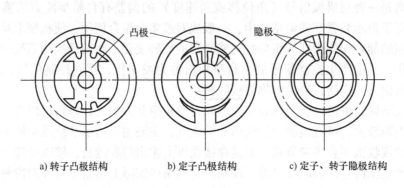

a) 转子凸极结构   b) 定子凸极结构   c) 定子、转子隐极结构

图 5-1　力矩式自整角机的基本结构

图 5-2 所示为力矩式自整角机的工作原理，其中一台自整角机作为发送机，另一台作为接收机，并且两台电机的结构参数一致。在工作过程中，励磁绕组接在同一单相交流励磁电源上，两台电机的三相整步绕组彼此对应相连。为了分析方便，规定励磁绕组与整步绕组 a 相的夹角 θ 作为转子的位置角。

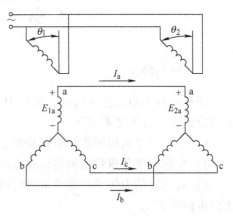

（二）力矩式自整角机的电磁转矩

力矩式自整角机的电磁转矩由励磁磁通与整步

图 5-2　力矩式自整角机的工作原理

绕组磁动势相互作用产生，当失调角较小时，可以认为直轴磁动势为零，电磁转矩主要由直轴磁通与交轴磁动势相互作用产生。整步转矩可按式(5-1) 计算

$$T = k_1 F_q \Phi_d \cos\varphi \tag{5-1}$$

式中，k_1 为转矩系数；φ 为直轴磁通与交轴磁动势间的夹角。

力矩式自整角机接收机的转动就是在此整步转矩的作用下产生的。当失调角不为零时，交轴磁动势不为零，因此整步转矩一直存在到失调角为零。

三、任务实施

（一）测定力矩式自整角机静态整步转矩与失调角的关系

1）在确保断电的情况下，按图 5-3 接线。

2）将发送机和接收机的励磁绕组加 220V 额定励磁电压，待稳定后，发送机和接收机均调整到0°位置，并将发送机刻度盘固定在该位置。

3）在接收机的指针圆盘上吊砝码，记录砝码重量及接收机转轴的偏转角度。在0°～90°的偏转角度之间取7～9组数据并记录在表5-1中。

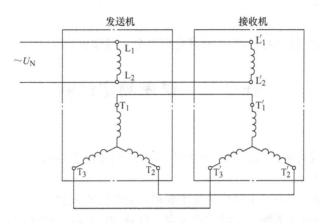

图5-3 力矩式自整角机转矩测定试验接线图

表5-1 力矩式自整角机静态整步转矩与失调角的关系测定试验数据记录表

$T/\text{gf} \cdot \text{cm}$							
$\theta/(°)$							

注：表中 $T = GR$，其中 G 为砝码重量（gf，1gf=9.8m·N），R 为圆盘半径（$R = 2\text{cm}$）；θ 为指针偏转的角度（deg）。

4）试验完毕后，应先取下砝码，再断开励磁电源。

5）根据上述得到的试验数据，作出静态整步转矩与失调角的关系曲线 $T = f(\theta)$。

（二）测定力矩式自整角机的比整步转矩

比整步转矩是指在力矩式自整角机系统中，在协调位置附近，单位失调角所产生的整步转矩。其计算公式为

$$T^{\theta} = \frac{T}{2\theta} \tag{5-2}$$

1）按图5-3接线，T_2'、T_3' 用导线短接，在励磁绕组 $L_1 - L_2$ 两端施加额定电压，在指针圆盘上加砝码，使指针偏转5°左右，测得整步转矩。

2）在正、反方向上各测量一次，两次测量的平均值应符合标准规定，将数据记录在表5-2中。

表5-2 力矩式自整角机比整步转矩测定试验数据记录表

方向	G/gf	$\theta/(°)$	$T = GR$	$T^{\theta} = T/2\theta/(\text{gf} \cdot \text{cm})$
正向				
反向				

四、任务思考

1）简述力矩式自整角机的原理与结构。

2）实测比整步转矩的数值为多少？

五、任务反馈

任务反馈主要包括试验报告和考核评定两部分，具体见附录。

任务二 误差测定试验

一、任务描述

现有一台力矩式自整角机，型号为 ZSZ - 1，试利用给定的试验台对此电机进行误差测定试验，具体要求如下：

1）了解自整角机误差测定试验的基本要求及安全操作规程。

2）掌握自整角机误差测定试验常用仪表、仪器和设备的正确使用方法。

3）对给定的力矩式自整角机进行误差测定试验，能正确接线和通电，并测定力矩式自整角机发送机的零位误差和静态误差。

二、任务资讯

力矩式自整角机的误差主要有零位误差和静态误差。

（一）自整角机的零位误差

力矩式自整角发送机加励磁电压后，通过旋转整步绕组可使一组整步绕组的线电动势为零，该位置即为基准电气零位。从基准电气零位开始，转子每转过 $60°$ 电角度，在理论上应当有一组整步绕组线电动势为零，但由于设计及加工工艺等因素的影响，实际电气零位和理论电气零位之间有差异，实际电气零位与理论电气零位之差即为发送机的零位误差。

（二）自整角机的静态误差

在力矩式自整角机系统中，当发送机与接收机处于静态协调状态时，接收机与发送机转子转角之差，称为力矩式自整角机的静态误差。力矩式自整角机的静态误差是衡量接收机跟随发送机的静态准确程度的指标。静态误差小，则接收机跟随发送机的能力强。力矩式自整角机的静态误差主要取决于比整步转矩和摩擦力矩的大小。

三、任务实施

（一）测定力矩式自整角机的零位误差

1）按图 5-4 接线，励磁绕组 L_1、L_2 端接额定励磁电压 U_N（220V），整步绕组 T_2、T_3

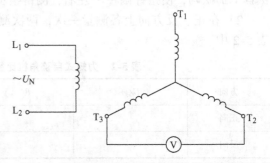

图 5-4 测定力矩式自整角机零位误差接线图

端接电压表。

2）旋转刻度盘，找出输出电压为最小值的位置作为基准电气零位。

3）整步绕组三线间共有 6 个零位，刻度盘转过 60°，即有两线端输出电压为最小值。

4）实测整步绕组三线间 6 个输出电压为最小值时的相应位置角度与电气角度，并记录在表 5-3 中。

表 5-3　力矩式自整角机零位误差测定试验数据记录表

理论上应转角度（°）	基准电气零位	180	60	240	120	300
刻度盘实际转角（°）						
误　差						

5）根据试验结果，求出被试力矩式自整角机的零位误差 $\Delta\theta$。

注意：机械角度超前为正误差，滞后为负误差，正、负最大误差绝对值之和的一半即为发送机的零位误差 $\Delta\theta$。

（二）测定力矩式自整角机的静态误差

1）按图 5-3 接线。

2）发送机和接收机的励磁绕组加 220V 额定电压，发送机的刻度盘不固紧，并将发送机和接收机均调整到 0°位置。

3）缓慢旋转发送机刻度盘，每转过 20°，读取一次接收机实际转过的角度，并记录在表 5-4 中。

表 5-4　力矩式自整角机静态误差测定试验数据记录表

发送机转角（°）	0	20	40	60	80	100	120	140	160
接收机转角（°）									
误差									

4）求出被试力矩式自整角机的静态误差 $\Delta\theta_{jt}$。

注意：接收机转角超前为正误差，滞后为负误差，正、负最大误差值之和的一半即为力矩式接收机的静态误差。

四、任务思考

实测静态误差数值为多少？

五、任务反馈

任务反馈主要包括试验报告和考核评定两部分，具体见附录。

项目六　步进电动机试验

在自动控制系统中，常常需要将数字信号转换为角位移。步进电动机就是一种用电脉冲信号进行控制并将其转换成相应角位移或线位移的控制电机。它通过专用电源把电脉冲按一定顺序供给定子各相控制绕组，在气隙中产生类似于旋转磁场的脉冲磁场。输入一个脉冲信号，电动机就转动一个角度或前进一步，因此，步进电动机又称为脉冲电动机。

步进电动机由专用的驱动电源来供电，由驱动电源和步进电动机组成一套伺服装置来驱动负载工作。步进电动机的角位移量或线位移量与电脉冲数成正比，它的转速或线速度与电脉冲频率成正比。在负载能力范围内，这些关系不因电源电压、负载大小、环境条件的波动而变化。通过改变脉冲频率的高低，可以在很大范围内实现步进电动机的调速，并能实现快速起动、制动和反转。另外，步进电动机的加工精度较高，输出转矩较大，甚至可以直接带动负载。基于上述种种优点，使得步进电动机广泛应用于各种数控机床、绘图机、自动化仪表、计算机外设、数模转换等数字控制系统中。

步进电动机的种类繁多，主要有反应式、永磁式和感应式三大类。其中，反应式步进电动机是我国目前应用最广泛的一种，它具有调速范围大，动态性能好，能快速起动、制动和反转等优点。永磁式和感应式步进电动机的基本原理与反应式步进电动机相似。

本项目以反应式步进电动机为研究对象进行相关试验。

任务一　频率跟踪试验

一、任务描述

现有一台反应式步进电动机，型号为 HK54，试利用给定的试验台对此电动机进行频率跟踪试验，具体要求如下：

1）了解步进电动机频率跟踪试验的基本要求及安全操作规程。

2）掌握步进电动机频率跟踪试验常用仪表、仪器和设备的正确使用方法。

3）对给定的反应式步进电动机进行频率跟踪试验，能正确接线和通电，观察步进电动机的单步运行状态；观察转子的振荡状态；测定角位移、脉冲数、空载突跳频率和空载时的最高连续工作频率。

4）测定反应式步进电动机的定子绕组电流 I、频率 f 和转速 n 等数据。

5）利用频率跟踪试验中测得的数据，在坐标系中绘出平均转速和脉冲频率的特性曲线 $n = f(f)$。

二、任务资讯

（一）步进电动机的基本结构

三相反应式步进电动机结构示意图如图 6-1 所示。它的定子、转子铁心和转子都是由硅钢片或其他软磁材料制成的。定子上共有 6 个磁极，每个磁极上都有许多小齿。径向上的两个磁极线圈串联组成一相绕组，将三相绕组接成星形，作为控制绕组。转子铁心上没有绕组，其本身也无磁性，外圆上也有许多齿，定子磁极上的磁距与转子齿距相等。图 6-1 中只有 4 个齿。

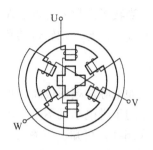

图 6-1　三相反应式步进
电动机结构示意图

（二）步进电动机的工作原理

图 6-2 所示为三相反应式步进电动机单三拍运行时的工作原理。它是基于电磁感应原理而工作的，三相绕组接成星形，按"U→V→W→U…"的顺序轮流通电。当 U 相控制绕组通电，而 V 相和 W 相控制绕组均不通电时，转子将受到电磁转矩的作用，使转子齿 1 和齿 3 与定子 U 相极轴对齐，如图 6-2a 所示。此时，电磁力线所通过的磁阻最小，磁导最大，转子只受到径向力而无切向力作用，磁阻转矩为零，转子停止转动。同理，当 V 相绕组通电，而 U 相和 W 相绕组断电时，将使转子沿逆时针方向转过 30°空间角，即转子齿 2 和齿 4 与定子 V 相极轴对齐，如图 6-2b 所示。当 W 相绕组通电，而 U 相和 V 相绕组断电时，由于同样的原因，将使转子在磁阻转矩的作用下按逆时针方向转过 30°空间角，如图 6-2c 所示。依此类推，当三相绕阻按"U→V→W→U…"的顺序通电时，转子将在磁阻转矩的作用下按逆时针方向一步一步地转动。步进电动机的转速取决于控制绕组变换通电状态的频率，即输入脉冲频率，频率越高，转速越高。旋转方向取决于控制绕组轮流通电的顺序，若通电顺序为"U→W→V→U…"，则步进电动机反向旋转。

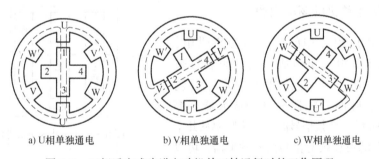

a) U相单独通电　　　b) V相单独通电　　　c) W相单独通电

图 6-2　三相反应式步进电动机单三拍运行时的工作原理

上述通电过程中，定子绕组每改变一次通电方式，步进电动机就走一步，称其为一拍，或者说控制绕组从一相通电状态变换到另一相通电状态就称为一拍。上述通电方式也称为三相单三拍。其中，"单"是指每次只有一相定子绕组通电，"三拍"是指每经过 3 次切换，定子绕组通电状态为一个循环，再下一拍通电时就重复第一拍通电方式。步进电动机每拍转子所转过的角位移称为步距角，可见，三相单三拍通电方式时，步距角是 30°。

三相反应式步进电动机的通电方式除了三相单三拍外，还有三相双三拍（AB→BC→CA→AB…或 AC→CB→BA→AC…）和三相单双六拍（A→AB→B→BC→C→CA→A…或 A→AC→C→CB→B→BA→A…）。三相单双六拍是单相绕组与两相绕组交替接通的通电方式，以此方式运行时每一循环切换 6 次，其步距角比三相单三拍和三相双三拍运行方式减小了一半，即步距角为 15°。

当转子齿数为 z_r 时，N 拍反应式步进电动机转子每转过一个齿距，相当于在空间转过 $360°/z_r$，而每一拍转过的角度等于齿距的 $1/N$，因此，步距角的计算公式为

$$\theta_s = \frac{360°}{z_r N} \tag{6-1}$$

如果脉冲频率很高，步进电动机定子绕组中送入的是连续脉冲，各相绕组不断地轮流通电，则步进电动机不是一步一步地转动，而是连续不断地转动，其转速与脉冲频率成正比。由式（6-1）可知，每输入一个脉冲，转子转过的角度是整个圆周角的 $1/(z_r N)$，也就是转过 $1/(z_r N)$ 转。因此，转子每分钟所转过的圆周数，即转速为

$$n = \frac{60f}{z_r N} \tag{6-2}$$

式中，n 为转速（r/min）。

实际应用中，三相单三拍运行方式很少采用，因为这种运行方式每次只有一相绕组通电，使转子在平衡位置来回摆动，运行不稳定。而双三拍和单双六拍通电方式在切换过程中总有一相绕组处于通电状态，转子磁极受其磁场的控制，因此不易失步，运行也较稳定。因此，在实际工作中，这两种运行方式被广泛应用于各种数控机床、自动记录仪、计算机外围设备和绘图机等设备中。

以上讨论的步进电动机都是三相的，也有其他多相步进电动机。步进电动机的相数和转子齿数越多，则步距角 θ_s 就越小。在一定的脉冲频率下，步距角越小，转速越低。但是相数越多，电源就越复杂，成本也较高，因此，目前步进电动机最多一般为六相，也有个别更多相的。

（三）步进电动机的驱动电源

步进电动机应由专用的驱动电源来供电，由驱动电源和步进电动机组成一套伺服装置来驱动负载工作。步进电动机的驱动电源主要包括变频信号源、脉冲分配器和脉冲放大器三部分，如图6-3所示。变频信号源是一个频率从几十赫兹到几千赫兹的可连续变化的信号发生器，可以

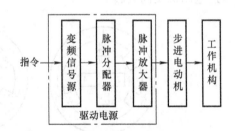

图 6-3　步进电动机的驱动电源

采用多种电路，最常见的有多谐振荡器和由单结晶体管构成的弛张振荡器两种，它们都是通过调节电阻 R 和电容 C 的大小来改变电容充放电时间常数，以达到选取脉冲信号频率的目的。

脉冲分配器是由门电路和双稳态触发器组成的逻辑电路，它根据指令把脉冲信号按一定的逻辑关系加到放大器上，使步进电动机按一定的运行方式运转。目前，随着微型计算机特别是单片机的发展，变频信号源和脉冲分配器的任务均可由单片机来承担，这样不但工作更可靠，而且性能更好。从脉冲分配器输出的电流只有几毫安，不能直接驱动步进电动机，因为步进电动机的驱动电流为几安到几十安，因此，在脉冲分配器后面都接有功率放大电路作为脉冲放大器，经功率放大后的电脉冲信号可直接输出到定子各相绕组中去控制步进电动机工作。

（四）步进电动机试验装置

D54 型步进电机试验装置由系统装置和步进电动机智能控制箱两部分构成。

1. 系统装置

以 BSZ-1 型装置为例，它由步进电动机、刻度盘、指针及弹簧测力矩机构组成。本装置已将步进电动机紧固在试验台架上，步进电动机的绕组已按星形（Y）接好并已将 4 个引出线接在装置的 4 个接线端上。运行时，只需将这 4 个接线端与智能控制箱的对应输入端连接即可。步进电动机转轴上固定有红色指针及力矩测量盘，底面是刻度盘（分度值为 1°）。本装置门形支架的上端装有定滑轮和一固定支点（采用卡簧结构），20N 的弹簧秤连接在固定支点上，30N 的弹簧秤通过丝绳与下滑轮、测量盘、棘轮机构等连接。装置的下方设有棘轮机构。由丝绳把棘轮机构、定滑轮、弹簧秤、力矩测量盘等连接起来，构成一套完整的力矩测量系统。

2. 智能控制箱

智能控制箱用以控制步进电动机的各种运行方式，它的控制功能是由单片机来实现的。通过键盘的操作和不同的显示方式来确定步进电动机的运行状况。

本控制箱可用于三相、四相、五相步进电动机各种运行方式的控制，能实现单步运行、连续运行和预置数运行，并能实现单拍、双拍及电动机的可逆运行。

由于本试验装置仅提供三相反应式步进电动机，故智能控制箱只提供三相步进电动机的驱动电源，控制面板（图 6-4）上也只装有三相步进电动机的绕组接口。

智能控制箱的使用方法如下：

（1）开机　开启电源开关后，面板上的三位数字频率计将显示"000"；由 6 位 LED 数码管组成的步进电动机运行状态显示器自动进入"9999→8888→7777→6666→5555→4444→3333→2222→1111→0000"的动态自检过程，而后显示系统的初态"├.3"。

（2）控制键功能说明

设置键：手动单步运行方式和连续运行各方式的选择。

拍数键：单三拍、双三拍、单双六拍等运行方式的选择。

相数键：电动机相数（三相、四相、五相等）的选择。

转向键：电动机正、反转的选择。

数位键：预置步数的数据位设置。

数据键：预置步数的数据设置。

执行键：执行当前运行状态。

复位键：由于意外原因导致系统死机时可按此键，经动态自检过程后返回系统初态。

（3）控制系统试运行　暂不接步进电动机绕组，开启电源开关进入系统初态后，即可进行试运行操作。

1）单步操作运行。每按一次执行键，完成一拍的运行，若连续按执行键，则状态显示器的末位将依次循环显示"B→C→A→B⋯"。由 5 只 LED 发光二极管组成的绕组通电状态

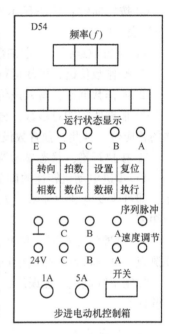

图 6-4　D54 型步进电动机智能控制箱的控制面板

指示器的 B、C、A 将依次循环点亮，以显示电脉冲的分配规律。

2）连续运行。按设置键，状态显示器显示"┤3000"，此状态为连续运行的初态。此时，可分别操作拍数键、转向键和相数键，以确定步进电动机当前所需的运行方式。最后按执行键，即可实现连续运行。上述 3 个键的具体操作如下（在状态显示器显示"┤3000"的状态下操作）：

① 按拍数键：状态显示器首位数码管显示在"┤""]""┐"之间切换，分别表示三相单拍、三相单双六拍和三相双三拍运行方式。

② 按相数键：状态显示器的第二位，在"3、4、5"之间切换，分别表示三相、四相、五相步进电动机运行。

③ 按转向键：状态显示器的首位，在"┤"与"├"之间切换，"┤"表示正转，"├"表示反转。

3）预置数运行。设定拍数、转向和相数后，可进行预置数设定，其步骤如下：

① 操作数位键，可使运行状态显示器逐位显示"0."，出现小数点的位即为选中位。

② 操作数据键，写入该位所需的数字。

③ 根据所需的总步数，分别操作数位键和数据键，将总步数的各位写入运行状态显示器的相应位。至此，预置数设定操作结束。

④ 按执行键，状态显示器作自动减 1 运算，直到减为 0 后，自动返回连续运行的初态。

4）步进电动机转速的调节与电脉冲频率显示。调节面板上的"速度调节"电位器旋钮，即可改变电脉冲频率，从而改变步进电动机的转速。同时，由频率计显示输入序列脉冲的频率。

5）脉冲波形观测。在面板上设有序列脉冲和步进电动机三相绕组驱动电源的脉冲波形观测点，分别将各观测点接到示波器的输入端，即可观测到相应的脉冲波形。

控制系统试运行无误后，即可接入步进电动机试验装置，完成试验指导书所规定的各项试验内容。

三、任务实施

步进电动机试验接线图如图 6-5 所示。

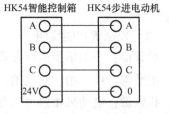

图 6-5　步进电动机试验接线图

（一）单步运行状态

接通电源，将控制系统设置为单步运行状态或复位后，按执行键，步进电动机走一步距角，绕组相应的数码管点亮，然后连续按执行键，步进电动机转子便不断做步进运动。改变电动机转向，电动机做反向步进运动。

（二）角位移和脉冲数的关系

控制系统接通电源，设置好预置步数，按执行键，电动机运转，观察并记录电动机偏转角度（见表 6-1）；然后重新设置另一预置步数，按执行键，观察并记录电动机偏转角度（见表 6-2）。最后，利用公式计算电动机偏转角度与实际值是否一致。

表 6-1　步进电动机角位移与脉冲数的关系测定试验记录表一（步数 = _____ 步）

序号	实际电动机偏转角度	理论电动机偏转角度
1		
2		
3		

表 6-2　步进电动机角位移与脉冲数的关系测定试验记录表二（步数 = _____ 步）

序号	实际电动机偏转角度	理论电动机偏转角度
1		
2		
3		

（三）空载突跳频率的测定

控制系统设为连续运行状态，按执行键，电动机连续运转后，调节速度调节旋钮，使频率提高至某一频率（自动指示当前频率）。按设置键让步进电动机停转，再按执行键重新起动电动机，观察电动机能否正常运行，如能正常运行，则继续提高频率，直至达到电动机不失步起动的最高频率，该频率即为步进电动机的空载突跳频率，记为_____Hz。

（四）空载最高连续工作频率的测定

步进电动机空载连续运转后，缓慢调节速度调节旋钮使频率提高，仔细观察电动机是否失步，如果不失步，则继续缓慢提高频率，直至达到电动机能连续运转的最高频率，该频率即为步进电动机空载最高连续工作频率，记为_____Hz。

（五）转子振荡状态的观察

步进电动机空载连续运转后，调节并降低脉冲频率，直至步进电动机声音异常或电动机转子来回偏摆，即为步进电动机的振荡状态。

（六）定子绕组中电流和频率的关系

在步进电动机电源的输出端串接一只直流电流表（注意 + 、 - 端），使步进电动机连续运转，由低到高逐渐改变步进电动机的频率，读取 5 ~ 6 组电流平均值、频率值记录于表 6-3 中，观察示波器波形，并做好记录。

表 6-3　步进电动机定子中电流与频率关系测定试验记录表（步数 = _____ 步）

序号	1	2	3	4	5	6
f/Hz						
I/A						

（七）平均转速和脉冲频率的关系

接通电源，将电动机设为单三拍连续运行状态。先设定步进电动机运行的步数 N，最好为 120 的整数倍。利用控制面板上的定时兼报警记录仪记录时间 t（min），按下复位键时钟停止计时，松开复位键时钟继续计时，可以得到 $n = 60N/(120t) = N/(2t)$。调节速度调节旋钮，测量频率 f 与对应的转速 n，记录 5~6 组数据于表 6-4 中，并绘制平均转速和脉冲频率的特性曲线 $n = f(f)$。

表 6-4 步进电动机平均转速与脉冲频率关系测定试验记录表（步数 = _____ 步）

序　号						
f/Hz						
n/(r/min)						

四、任务思考

1）简述三相磁阻式步进电动机的工作原理。

2）步进电动机的转速与哪些因素有关？如何改变步进电动机的转动方向？

3）影响步进电动机步距的因素有哪些？对于试验用步进电动机，采用何种运行方式时步距最小？

4）平均转速和脉冲频率的关系怎样？为什么要特别强调是平均转速？

5）各种通电方式对步进电动机的性能有何影响？

五、任务反馈

任务反馈主要包括试验报告和考核评定两部分，具体见附录。

任务二　转矩跟踪试验

一、任务描述

现有一台反应式步进电动机，型号为 HK54，试利用给定的试验台对此电动机进行转矩跟踪试验，具体要求如下：

1）了解步进电动机转矩跟踪试验的基本要求及安全操作规程。

2）掌握步进电动机转矩跟踪试验常用仪表、仪器和设备的正确使用方法。

3）对给定的反应式步进电动机进行转矩跟踪试验，能正确接线和通电，并测定电动机的定子绕组电流 I、频率 f 和转矩 T 等数据。

4）利用转矩跟踪试验中测得的数据，在坐标系中绘出矩频特性曲线 $T = f(f)$ 和最大静态转矩特性曲线 $T_m = f(I)$。

二、任务资讯

下面主要通过静态和步进两种运行状态来分析反应式步进电动机的运行特性。

（一）步进电动机的静态运行状态

步进电动机通电方式保持稳定的状态称为静态运行状态。静态运行状态下步进电动机的转矩与转角特性简称矩角特性 $T = f(\theta)$，这是步进电动机的基本特性。步进电动机的转矩就是同步转矩（即电磁转矩），转角就是通电相的定子、转子齿中心线间用电角度表示的夹角 θ，如图 6-6 所示。当步进电动机通电相（一相通电时）的定子、转子齿对齐时，$\theta = 0°$，电动机转子上无切向磁拉力作用，转矩 T 为零，如图 6-6a 所示。若转子齿相对于定子齿向右错开一个角度 θ，则会出现切向磁拉力，产生转矩 T，转矩方向与 θ 角偏转方向相反，规定为负，如图 6-6b 所示。显然，当 $\theta < 90°$ 时，θ 越大，转矩 T 越大；当 $\theta > 90°$ 时，由于磁阻显著增大，进入转子齿顶的磁通量急剧减少，切向磁拉力及转矩减小，直到 $\theta = 180°$ 时，转子齿处于两个定子齿正中，因此，两个定子齿对转子齿的磁拉力互相抵消，如图 6-6c 所示，此时，转矩 T 又为零。如果 θ 再增大，则转子齿将受到另一个定子齿的作用，出现相反的转矩，如图 6-6d 所示。由此可见，转矩 T 随转角 θ 做周期变化，变化周期是一个齿距，即 2π 电弧度。

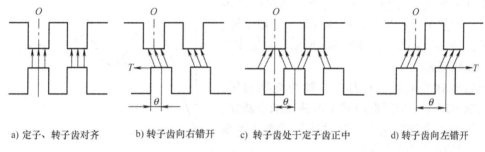

　　a) 定子、转子齿对齐　　　b) 转子齿向右错开　　　c) 转子齿处于定子齿正中　　　d) 转子齿向左错开

图 6-6　定子、转子间的作用力

　　$T = f(\theta)$ 曲线的形状比较复杂，它与定子、转子齿的形状以及饱和程度有关。实践证明，反应式步进电动机的矩角特性接近于正弦曲线，如图 6-7 所示（图中只画出 $\theta = -\pi \sim \pi$ 范围内的曲线）。若电动机空载，则在静态运行时，转子必然有一个稳定平衡位置。从上面的分析看出，这个稳定平衡位置在 $\theta = 0°$ 处，即通电相定子、转子齿对齐位置。因为当转子处于这个位置时，如果有外力使转子齿偏离这个位置，只要偏离角

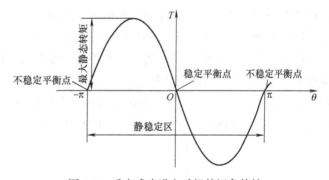

图 6-7　反应式步进电动机的矩角特性

为 $0° \sim 180°$，则除去外力后，转子能自动地重新回到原来的位置。当 $\theta = \pm\pi$ 时，虽然两个定子齿对一个转子齿的磁拉力互相抵消，但是只要转子向任一方向稍偏离，磁拉力就会失去平衡，稳定性便被破坏。所以 $\theta = \pm\pi$ 的位置是不稳定的，两个不稳定点之间的区域构成静稳定区，如图 6-7 所示。

　　矩角特性中电磁转矩的最大值称为最大静态转矩 T_{m}，它表示步进电动机承受负载的能力，是步进电动机最主要的性能指标之一。

（二）步进电动机的步进运行状态

　　步进电动机的步进运行状态与控制脉冲的频率有关。当步进电动机在极低的频率下运行

时，后一个脉冲到来之前转子已完成一步，并且运动已基本停止，这时电动机的运行状态由一个个单步运行状态组成。

步进电动机的单步运行状态为一振荡过程。步进电动机空载，A 相通电时，转子齿 1 (图 6-2) 和齿 3 的轴线与定子 A 极轴线对齐。A 相断电、B 相通电时，转子将按逆时针方向转动，在转子齿 2 和齿 4 转到对准定子 B 极轴线的瞬间，电动机的磁阻转矩为零。但由于惯性的影响，转子将继续沿逆时针方向转动。当转子齿 2 和齿 4 的轴线越过 B 极轴线位置后，将受到反向转矩的作用而减速直到停转，但此时转子仍受到反向转矩的作用，于是开始沿顺时针方向转动。当转子齿 2 和齿 4 的轴线再次对齐 B 极轴线时，又会因转子惯性的影响继续沿顺时针方向转动，如此来回振荡。由于摩擦等阻尼力矩的影响，最终将使齿 2 和齿 4 的轴线停止在 B 极轴线位置。可见，当电脉冲由 A 相绕组切换到 B 相绕组时，转子将转过一个步距角 θ_s，但整个过程是一个振荡过程。一般来说，这一振荡是不断衰减的，如图 6-8 所示。阻尼作用越大，衰减得越快。

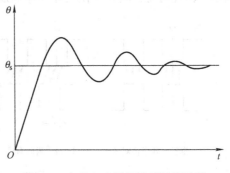

图 6-8　步进电动机的转子振荡过程

当通电脉冲的频率提高时，脉冲周期缩短，因而可能出现在一个周期内转子振荡还未衰减完，下一个脉冲就来到的情况。这种运行状态所表现的特性主要有以下两个方面。

（1）动稳定区　动稳定区是指步进电动机从一种通电状态切换到另一种通电状态时，不致引起失步的区域。如步进电动机空载，且在 A 相通电状态下，则其矩角特性如图 6-9a 中曲线 A 所示，转子位于稳定平衡点 O_A 处。加一脉冲，则 A 相断电，B 相通电，矩角特性变为曲线 B。曲线 A 与曲线 B 之间相隔一个步距角 θ_s，转子新的稳定平衡位置为 O_B。只要改变通电状态，使转子位置处于 $B'-B''$ 之间，转子就能向 O_B 点运动，从而达到新的稳定平衡状态。区间 $B'-B''$ 为步进电动机空载状态下的动稳定区，如图 6-9a 所示。可见，步距角越小，即相数增加或拍数增加，则动稳定区越接近静稳定区，步进电动机运行得越稳定，如图 6-9b 所示。

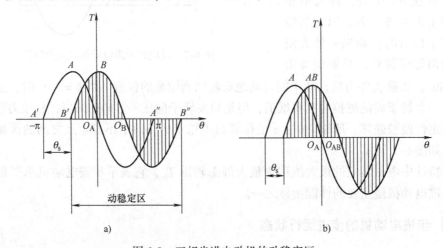

a)　　　　　　　　　　　　b)

图 6-9　三相步进电动机的动稳定区

（2）最大负载转矩 T_{ST}　图 6-10 所示为步进电动机的矩角特性。图中相邻两条矩角特性曲线的交点所对应的电磁转矩用 T_{ST} 表示。当步进电动机所带负载转矩 $T_{Z1} < T_{ST}$ 时，在 A 相通电状态下，转子处于失调角（定子磁极 A 的轴线和转子齿 1 轴线间的夹角）θ'_A 的平衡点 a' 处。当 A 相断电、B 相通电时，在改变通电状态的瞬间，由于惯性的作用，转子位置还来不及改变，矩角特性跃变为曲

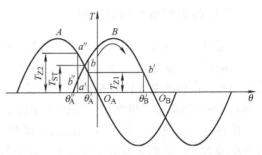

图 6-10　三相步进电动机的最大负载转矩

线 B，这时对应角度的电磁转矩为特性曲线 B 上的 b 点，此时电动机转矩大于负载转矩 T_{Z1}，使转子加速，向着 θ 增大的方向运动，最后达到新的稳定平衡点 b'。如果负载转矩为 T_{Z2}，其稳定平衡点是曲线 A 上的 a'' 点，对应的失调角为 θ''_A。当 A 相断电、B 相通电时，对应于 θ''_A 的转矩为特性曲线 B 上的 b'' 点。显然，此时的电动机转矩小于负载转矩 T_{Z2}，电动机不能做步进运动。可见，各相矩角特性的交点所对应的转矩 T_{ST} 就是最大负载转矩，也称为起动转矩。最大负载转矩 T_{ST} 比最大静态转矩 T_m 要小。随着步进电动机相数 m 或拍数 N 的增加，步距角减小，两曲线的交点随之升高。T_{ST} 越大，就越接近于最大静态转矩 T_m。

步进电动机在连续运行状态下产生的转矩称为动态转矩。步进电动机的最大动态转矩小于最大静态转矩，并随着脉冲频率的升高而减小。这是因为步进电动机的定子绕组中存在电感，具有一定的电气时间常数，使绕组中的电流呈指数曲线增大或减小。步进电动机的运行频率很高，周期很短，电流来不及增加，电流峰值随脉冲频率的提高而减小，励磁磁通随之减小，动态转矩也将随之减小。步进电动机动态转矩与频率的关系即为矩频特性，它是一条下降的曲线，这也是步进电动机的重要特性之一。当控制脉冲频率继续升高时，步进电动机将不是一步步地转动，而是像常规同步电动机一样，做连续匀速旋转运动。

三、任务实施

（一）矩频特性测定试验

将步进电动机固定到 HK03 导轨上，连接涡流测功机；接通电源，按设置键工作于连续方式，再按执行键，使步进电动机起动运转；调节 HK54 步进电动机智能控制箱上的速度调节旋钮，将频率设定在 80Hz 左右后，缓慢调节涡流测功机给定施加制动转矩，仔细测定对应于设定频率的最大输出动态转矩（电动机失步前的转矩）。提高频率，重复上述过程，得到一组与频率 f 对应的转矩 T 值，即为步进电动机的矩频特性 $T = f(f)$。将其记录在表 6-5 中。并绘制矩频特性曲线 $T = f(f)$。

表 6-5　步进电动机矩频特性测定试验记录表（步数 =_____步）

序号						
f/Hz						
$T/N \cdot cm$						

（二）静力矩特性测定试验

关闭电源，在步进电动机轴与涡流测功机轴之间加装弹性联轴器，并装上堵转手柄；固定好电动机，控制电路工作于单步运行状态，将两只 90Ω 的电阻单独并接后接入绕组（阻值为 45Ω，电流为 2.6A），把可调电阻及一只 5A 直流电流表串入 A 相绕组回路（注意 +、-端），并使涡流测功机堵转（将内棱角扳手插入涡流测功机左侧正上方孔内）。

接通电源，使电流通过 A 相绕组，缓慢旋转手柄，读取并记录步进电动机失步时对应的转矩最大值，此即为对应于电流 I 的最大静态转矩 T_m 值。改变可调电阻并使阻值逐渐增大，重复上述过程，可得另一组电流 I 值及对应于 I 值的最大静态转矩 T_m 值。读取 4~5 组数值记录在表 6-6 中，并绘制最大静态转矩特性曲线 $T_m = f(I)$。

表 6-6   步进电动机最大静态转矩特性测定试验记录表（步数 = _____ 步）

序号						
I/A						
T_m/N·cm						

四、任务思考

1) 最大静态转矩特性是怎样的特性？

2) 对该步进电动机矩频特性加以评价，能否再进行改善？若能改善应从何处着手？

五、任务反馈

任务反馈主要包括试验报告和考核评定两部分，具体见附录。

附 录

附录 A 交、直流电机的基本结构

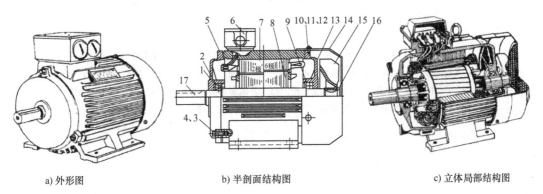

a) 外形图 b) 半剖面结构图 c) 立体局部结构图

图 A-1 Y2 系列顶出线型笼型异步电动机结构图（IP54、IM B3、机座号 71～160）

1—轴承 2—波形弹簧片 3—螺栓 4、11、12—垫圈 5、13—端盖 6—接线盒 7—定子 8—转子
9、16—挡圈 10—螺钉 14—风扇罩 15—风扇 17—轴

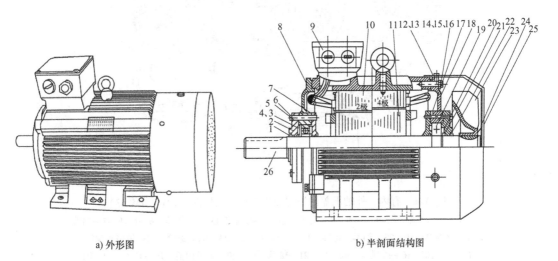

a) 外形图 b) 半剖面结构图

图 A-2 Y2 系列顶出线型笼型异步电动机结构图（IP54、IM B3、机座号 180～280）

1—密封圈 2、21—轴承外盖 3、19—轴承 4—润滑脂 5—波形弹簧片 6、12、14—螺栓
7、17—轴承内盖 8、18—端盖 9—接线盒 10—定子 11—转子 13、15、16、20—垫圈 22—密封圈
23—风扇 24—挡圈 25—风扇罩 26—轴

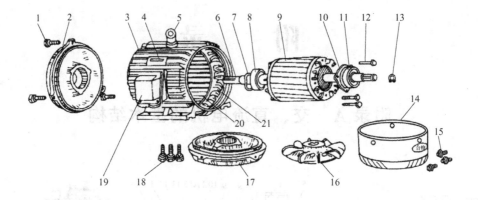

图 A-3　无轴承盖的笼型异步电动机结构图（IP44、IM B3）

1、18—端盖螺栓　2—前端盖　3—机座　4—铭牌　5—吊环　6—轴　7—波形弹簧片　8、11—轴承
9—转子　10—轴承内盖　12—轴承盖螺栓　13—外风扇卡圈　14—风扇罩　15—风扇罩螺钉
16—外风扇　17—后端盖　19—接线盒　20—定子铁心　21—定子绕组

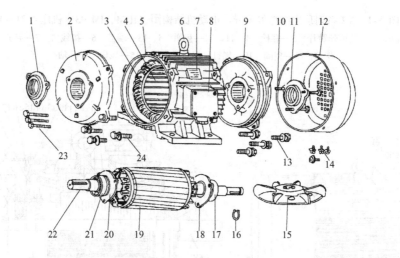

图 A-4　有内、外轴承盖的笼型异步电动机结构图（IP54、IM B3）

1、11—轴承外盖　2、9—端盖　3—定子绕组　4—定子铁心　5—机座　6—吊环　7—铭牌
8—接线盒　10、23—轴承盖螺栓　12—风扇罩　13、24—端盖螺栓　14—风扇罩螺钉
15—外风扇　16—外风扇卡圈　17、21—轴承　18、20—轴承内盖　19—转子　22—轴

a) 外形图

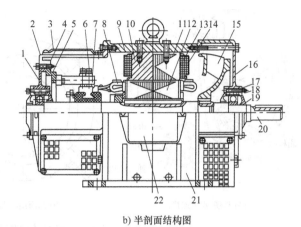

b) 半剖面结构图

图 A-5　Z2 系列有刷直流电机结构图

1、16—端盖　2—电刷支架压板紧固螺栓　3—活动盖板　4—电刷支架压板　5—电刷支架

6—电刷及刷握等　7—换向器　8—电枢绕组　9—换向绕组　10—换向器铁心

11—主磁极铁心　12—电枢铁心　13—主磁绕组　14—串极绕组　15—风扇

17—轴承内盖　18—轴承　19—轴承外盖　20—轴　21—机座　22—接线盒

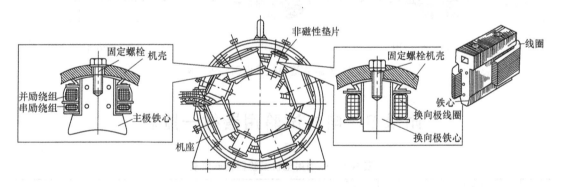

图 A-6　有刷直流电机定子结构（复励）

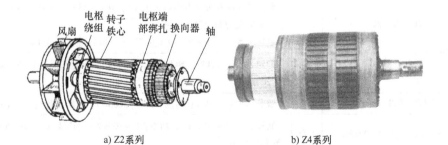

a) Z2系列　　　　　　　　　　b) Z4系列

图 A-7　有刷直流电机转子结构

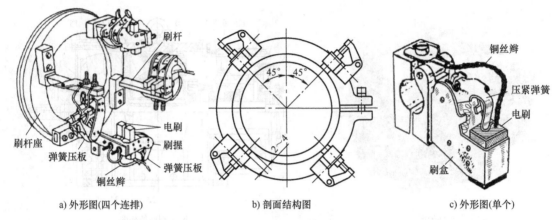

a) 外形图(四个连排) b) 剖面结构图 c) 外形图(单个)

图 A-8　有刷直流电机电刷装置结构

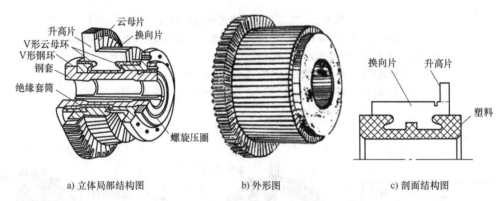

a) 立体局部结构图 b) 外形图 c) 剖面结构图

图 A-9　有刷直流电机换向器装置结构

附录 B　电机试验用器材一览表

表 B-1　驱动用电机试验器材一览表

序号	设备名称（型号）	数量	备注
1	系统主柜 DJC－1300	1 件	杭州威格
2	电源调压器 T	1 台	输出电压应在被试电机额定电压的 20%～130% 范围内可调，容量不小于被试电机的额定输入功率 电压量程：0～500V；电流量程：0～40A；精度：0.1%
3	电源变频器	1 台	额定功率：11kW；额定电压：380V；额定电流：25A；调频范围：3～200Hz
4	涡流测功机 CB50KB	1 台	吸收功率：7.5kW；转速：200～3600r/min；额定转矩：50N·m
5	测功机控制器 VG2218C	1 台	转速：0～30000r/min；功率：0～100kW；额定转矩：20～5000N·m；励磁电流：0～2A
6	交流电参数测试仪 GDW3001A	1 台	测量输入功率时，应采用低功率因数功率表或适用于 0.1 以下功率因数的其他数字功率表。一般采用二表法

（续）

序号	设备名称（型号）	数量	备注
7	三相电参数测试仪 8960C1	1台	交流电压：0～600V；交流电流：0～40A
8	直流电参数测试仪 GDW1206A	1台	直流电压：10～300V；直流电流：0～50A
9	直流电阻测量仪 RDC2512B	1台	有多档量程，误差为±0.2%
10	转速转矩传感器 JN338-50A	1台	测量输入功率时，应采用低功率因数功率表或能用于0.1以下功率因数的其他数字功率表，一般采用二表法。传感器的标称转矩应不小于按公式求得的估算值，但也不应超过此估算值的2倍。试验所用的传感器转速为0～6000r/min，额定转矩为0～50N·m
11	工控机	1台	—
12	试验测试软件	1套	交流电机型式试验系统
13	普通笼型异步电动机	1台	2.2kW
14	变频调速异步电动机	1台	2.2kW
15	电磁式有刷直流电动机	1台	1.5kW
16	测温设备	若干	如温度计、红外测温仪和温度传感器等
17	测力计	1台	力臂有足够的强度，并应与电机转轴安装牢固，应事先估算出被试电机的最大堵转转速
18	其他	若干	自备，如螺钉旋具、万用表、绝缘电阻表、电桥、接地电阻测量仪和打印机等。对750W以下的电动机，不允许使用电流互感器

表 B-2　控制用电机试验器材一览表

序号	型号	名称	数量	备注
1	HK01	电源控制屏	1件	—
2	HK02	实验桌	1件	—
3	HK03	涡流测功系统导轨	1件	—
4	HK57	交流伺服电动机	1件	—
5	HK57	交流伺服电动机控制箱	1件	—
6	ZSZ-1	自整角机	1件	圆盘半径为2cm
7	HK54	步进电动机	1件	—
8	HK54	步进电动机控制箱	1件	—
9		记忆示波器	1台	自备
10		其他	若干	自备

附录 C　试验用电机参数一览表

型号	名称	额定参数及有关说明
Y2-100L1-4	普通笼型异步电动机	额定功率2.2kW，额定电压380V，频率50Hz，额定转速1420r/min，额定电流5.0A，额定转矩14.8N·m，星形接法，S1工作制，绝缘等级F级，防护等级IP54

（续）

型号	名称	额定参数及有关说明
YVP-100L1-4	变频调速异步电动机	额定功率2.2kW，额定电压380V，额定转速1420r/min，额定电流5.5A，额定转矩14.0N·m，恒转矩调速5~50Hz，恒功率调速50~1000Hz，星形接法，S1工作制，绝缘等级F级，防护等级IP54
Z2-4	并励直流电动机	额定功率1.5kW，电枢电压110V，电枢电流18.2A，额定转速1800r/min，并励，励磁电压110V，励磁电流0.95A，S1工作制，绝缘等级B级，防护等级IP54
HK57	交流伺服电动机	交流伺服电动机采用SL系列笼型转子两相伺服电动机，控制、励磁相电压AC 220V，与HK57交流伺服电动机控制箱配套使用
	交流伺服电动机控制箱	交流伺服电动机控制箱由一只交流电压表、一只电流表、变压器（380V/220V/110V）及可调电容器（0~6.5μF）组成。将挂箱挂在控制屏上并移到合适的位置，插好三芯电源线，挂箱在钢管上不能随意移动，否则会损坏电源线及插头，开启电源开关，参考试验指导书进行试验
ZSZ-1	自整角机	（1）自整角机技术参数：发送机型号为BD-404A-2，接收机型号为BS—404A，励磁电压为220V±5%，励磁电流为0.2A，二次电压为49V，频率为50Hz （2）发送机的刻度盘及接收机的指针调准在特定位置的方法：旋松电机轴头螺母，拧紧电机后轴母，旋转刻度盘（或手拨指针圆盘）至要求的刻线位置，保持该电机转轴位置并旋紧轴头螺母 （3）接线柱的使用方法：本装置将自整角机的5个输出端分别与接线柱对应相连，励磁绕组用L₁、L₂（L′₁、L′₂）表示；次级绕组用T₁、T₂、T₃（T′₁、T′₂、T′₃）表示。使用时，根据试验接线图连接插头线和接线柱，即可完成试验要求（注：电源线、连接导线出厂配套） （4）发送机的刻度盘上边和接收机的指针两端均有20小格的刻线，每一小格为3′，转角按游标卡尺方法读数 （5）接收机的指针圆盘直径为4cm，测量静态整步转矩=砝码重力×圆盘半径=砝码重力×2cm （6）将固紧滚花螺钉拧松后，便可用手柄轻巧地旋转发送机的刻度盘（不允许用力向外拉，以防轴头变形）。如需固定刻度盘在某刻度值位置不动，可用手旋紧滚花螺钉 （7）需吊砝码试验时，将串有砝码钩的另一线端固定在指针小圆盘的小孔上，将线绕过小圆盘上边的凹槽，在砝码钩上吊砝码即可 （8）每套自整角机试验装置中的发送机、接收机均应按同一编号配套 （9）自整角机变压器用力矩式自整角接收机代替 （10）需要测试励磁绕组的信号时，在该部件的电源插座上插上励磁绕组测试线即可
HK54	步进电动机	步进电动机的型号为70BF10C三相步进电动机，电源电压为24V，静态电流为3A，最大静态转矩为6kgf·cm（0.588N·m），步距角为1.5°/3°，与HK54步进电动机控制箱配套使用
	步进电动机控制箱	控制器可设置三相、四相、五相步进电动机的各种运行状态，可实现步进电动机的单步运行、连续运行、预置步数运行，能实现单三拍、双三拍、三相单双六拍及电动机的可逆运行。将挂箱挂在控制屏上并移到合适的位置，插好电源线，挂箱在钢管上不能随意移动，否则会损坏电源线及插头。按试验要求接好线后开启电源开关，通过挂箱上的6个键进行操作，具体操作方法请参考试验指导书。不使用时应关断电源开关

附录 D　电机试验用平台示意图

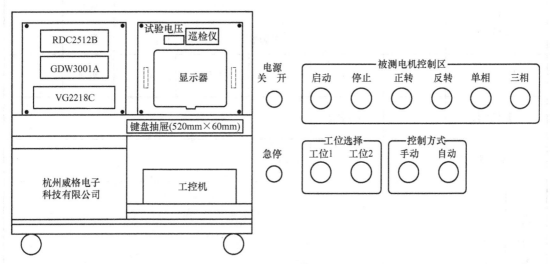

图 D-1　驱动用电机控制主柜和控制面板（交流）

图 D-2　驱动用电机型式试验台（交流）

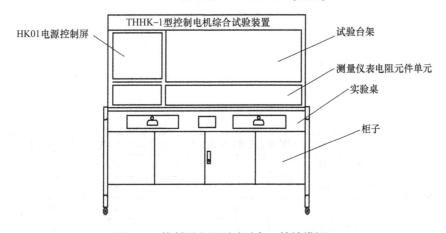

图 D-3　控制用电机测试平台（铸铁模拟）

附录 E 电机试验用试验报告表

评语		教师签字： 日期：		成绩	
				学时	
姓　名		学号	班级		组别	
项目编号		项目名称				
课程名称		教材				
项目要求						
项目实施						
项目总结						

考核结果	自评	A（熟练掌握）B（大部分掌握）C（基本掌握）D（勉强掌握）E（未掌握）				
	教师评价	设　备　使　用	A	B	C	D	E
		实训（试验）操作	A	B	C	D	E
		报　告　填　写	A	B	C	D	E
		回答思考题	A	B	C	D	E

附录 F　电机试验用考核评定表

评语			教师签字：　　　　　日期：	成绩	
				学时	
姓　　名		学号	班级	组别	
项目编号		项目名称			
课程名称		教材			

序号	评价内容	评分标准	配分	得分
1	自学能力	课前预习，课后复习	5	
2	资料查阅能力	能正确查阅本次实训的相关资料	5	
3	操作能力	实训操作无原则性错误	10	
4	故障排除能力	能在规定的时间内正确排除相关故障	10	
5	语言表达能力	能用专业术语回答问题，且回答正确	10	
6	知识运用能力	能对本次实训内容进行扩展迁移	5	
7	团队合作情况	具有良好的团队精神，且热心地帮助其他成员	5	
8	遵纪守法情况	不迟到，不早退，课堂上保持安静	5	
9	安全意识	实训中注意人身安全	5	
10	环保意识	实训中不乱丢垃圾，注意个人卫生	5	
11	实训报告	填写完全，结论正确	35	

考核结果	自评	A（熟练掌握）　B（大部分掌握）　　C（基本掌握）　　D（勉强掌握）　　E（未掌握）				
	教师评价	设 备 使 用	A	B	C	D	E
		实 训（试验）操作	A	B	C	D	E
		报 告 填 写	A	B	C	D	E
		回 答 思 考 题	A	B	C	D	E

参 考 文 献

[1] 武建文. 电机现代测试技术 [M]. 2 版. 北京：机械工业出版社，2015.

[2] 张文红，王锁庭. 电机应用技术任务驱动式教程 [M]. 北京：北京理工大学出版社，2011.

[3] 胡虔生，胡敏强. 电力学 [M]. 2 版. 北京. 中国电力出版社，2009.

[4] 李光友，王建民，孙雨萍. 控制电机 [M]. 2 版. 北京：机械工业出版社，2015.

[5] 张桂金. 电机运行维护与故障处理 [M]. 西安：西安电子科技大学出版社，2013.

[6] 李元庆. 电机试验与检修实训指导书 [M]. 北京：中国电力出版社，2015.

[7] 李宗宝. 电子产品生产工艺 [M]. 北京：机械工业出版社，2011.

[8] 汤蕴璆. 电机学 [M]. 5 版. 北京：机械工业出版社，2014.

[9] 才家刚. 电机修理试验及性能分析 [M]. 北京：机械工业出版社，2010.

[10] 顾绳谷. 电机及拖动基础 [M]. 5 版. 北京：机械工业出版社，2016.

[11] 才家刚. 电机试验技术及设备手册 [M]. 3 版. 北京：机械工业出版社，2015.

[12] 才家刚. 图解交流异步电动机试验技术与质量分析 [M]. 北京：中国电力出版社，2007.

[13] 罗小丽. 电机制造工艺及装配 [M]. 北京：机械工业出版社，2015.

[14] 才家刚. 电机组装工艺及常规检测 [M]. 北京：化学工业出版社，2008.

[15] 才家刚. 电机故障诊断及修理 [M]. 北京：机械工业出版社，2016.

[16] 张虹，方骘翔，彭勇. PLC 技术及应用：三菱 [M]. 武汉：华中科技大学出版社，2017.

[17] 杨杰忠. PLC 应用技术：三菱任务驱动模式 [M]. 北京：机械工业出版社，2013.

[18] 杨志良. 电工技能实训 [M]. 北京：北京理工大学出版社，2015.